大锥度缩口类零件成形关键技术研究

许兰贵　著

中国水利水电出版社
www.waterpub.com.cn
·北京·

内 容 提 要

本书主要从两方面展开研究:为达到减轻产品重量以节省材料的目的,对包装罐进行变壁厚结构优化;为得到个性化的外观,对大锥度包装罐的成形技术进行研究。

本书主要内容包括:铝罐挤压及缩口过程的计算机数值模拟理论、变壁厚反挤压模面优选、缩口变形力学分析、带直管薄壁筒形件缩口变形颈口弯曲变形研究、大锥度铝罐成形工艺分析及计算机数值模拟等。

本书论述严谨,结构合理,条理清晰,内容丰富新颖,可供从事机械加工工程技术人员参考使用,是一本值得学习研究的著作。

图书在版编目(CIP)数据

大锥度缩口类零件成形关键技术研究 / 许兰贵著
. -- 北京 : 中国水利水电出版社,2017.6
ISBN 978-7-5170-5438-2

Ⅰ. ①大⋯ Ⅱ. ①许⋯ Ⅲ. ①罐头空罐-成型-研究
Ⅳ. ①TS293

中国版本图书馆CIP数据核字(2017)第122256号

书 名	大锥度缩口类零件成形关键技术研究 DA ZHUIDU SUOKOU LEI LINGJIAN CHENGXING GUANJIAN JISHU YANJIU
作 者	许兰贵 著
出版发行	中国水利水电出版社
	(北京市海淀区玉渊潭南路 1 号 D 座 100038)
	网址:www. waterpub. com. cn
	E-mail:sales@ waterpub. com. cn
	电话:(010)68367658(营销中心)
经 售	北京科水图书销售中心(零售)
	电话:(010)88383994、63202643、68545874
	全国各地新华书店和相关出版物销售网点
排 版	北京亚吉飞数码科技有限公司
印 刷	三河市同力彩印有限公司
规 格	170mm×240mm 16 开本 9.5 印张 123 千字
版 次	2017 年 8 月第 1 版 2017 年 8 月第 1 次印刷
印 数	0001—2000 册
定 价	42.00 元

几种工艺参数对挤压成形的影响,优选出最优的工艺参数组合。

大锥度缩口变形理论分析。采用轴对称回转壳体的薄膜理论对锥模缩口和圆弧模缩口变形过程进行力学分析,分别建立了带出口直管的圆弧缩口模和圆锥缩口模的力学模型,并在此基础上比较了两种模具结构对成形力的影响。研究结果表明:圆弧形缩口模具在降低缩口力、抑制变形、提高管材的缩口极限(在圆筒处出现屈曲)是很有效的,因此在半锥角比较大时,在锥模入口处引入圆弧形结构是十分有效的;根据锥形模具缩口时管坯受力模型,研究了半锥角较大时锥形缩口变形模式的转化条件,出了最大锥形缩口半锥角为 50°~55° 的结论。

缩口变形颈口弯曲变形研究。通过对薄壁圆筒形工件缩口成形中颈口弯曲部分进行力学分析,导出了出口处自由弯曲半径的计算公式,并通过实验进一步证明了该公式的正确性。由实验和模拟结果知:出口弯曲圆弧半径随半锥角的增大而减小;随出口端直径和壁厚的增大而增大,并通过零件的成形过程验证了该公式的实用性,可以作为设计带直管缩口件颈口弯曲圆弧半径设计的依据,能够满足一般工程计算的需要。

大锥度铝罐成形工艺分析及数值模拟验证。提出了以多道次圆弧缩口和滚压加工相结合的成形工艺,解决了大锥度薄壁铝罐的成形难题,开发了与该工艺相应的新型模具。该工艺根据零件薄壁、半锥角大的特点,采用在圆锥模口部引进圆弧的结构;建立了大锥度薄壁铝罐成形的有限元分析模型,对圆弧缩口变形过程及滚压变形过程进行了模拟分析,并与实验结果进行比较,证明了该工艺过程的可行性和有效性。

本书在写作过程中加入了自己的研究积累,参考并引用了大量前辈学者的研究成果和论述,在此向相关内容的原作者表示诚挚的敬意和谢意。鉴于作者水平有限,加之时间仓促,存在不当之处在所难免,恳请读者批评指正。

作　者
2017 年 3 月

前　言

　　单片铝质气雾罐由于其阻气性能良好,防潮性极佳,而且遮光性能强、便于印刷,在包装行业中应用极广。随着材料成本的提高,减轻单罐重量,降低生产成本,以达到提高利润的目的是很多企业的追求目标。同时随着人们对于产品的个性化、多样化、品位等需求越来越高,个性化的外观设计及其生产实现也成为包装罐生产一个需要考虑的重要方面。总之,制造出重量更轻、更省物料、更环保、更具视觉魅力的包装新产品是行业的发展趋势。鉴于此,本书主要从两方面展开了研究:为达到减轻产品重量以节省材料的目的,对包装罐进行变壁厚结构优化;为得到个性化的外观,对大锥度包装罐的成形技术进行了研究。主要研究内容如下:

　　变壁厚反挤压模面优选。建立了形成变壁厚薄壁铝罐筒形毛坯的变直径反挤压模型,开发了能够形成变壁厚薄壁铝罐筒形毛坯的变直径反挤压凹模,其型面结构与传统冷挤压凹模相异,且只需通过一次反挤压就能达到成形的目的。通过理论研究和有限元分析相结合的方法,揭示了饼型毛坯通过变直径反挤压凹模进行反挤压形成变壁厚筒形件的金属流动规律,建立了阶梯型、直线型、余弦线型、椭圆线型四种过渡曲面的变壁厚筒形件反挤压有限元模型,得出采用椭圆线型过渡型面的变直径凹模进行反挤压可以获得理想的变壁厚筒壁的结论,同时椭圆线型过渡型面凹模对挤压成形载荷、金属流动和应力场的影响都优于其他几种型面,而且能够有效的降低变壁厚制件的偏摆缺陷,并通过理论解析进一步证明了椭圆型过渡型面优于其他几种型面;讨论了

目　录

前　言

第1章　绪论 …………………………………………………… 1

1.1　本书写作背景及意义 ……………………………… 1

1.2　铝罐成形的研究方法 ……………………………… 6

1.3　冷挤压研究现状 ………………………………… 10

1.4　缩口工艺研究进展 ……………………………… 14

1.5　本书的主要研究内容 …………………………… 17

第2章　铝罐挤压及缩口过程的计算机数值模拟理论 ……… 19

2.1　板壳描述 ………………………………………… 19

2.2　大锥度缩口成形中的动力显式有限元分析方法 … 21

2.3　单片铝罐管坯反挤压成形的刚塑性有限元法 …… 25

2.4　有限元模拟中的几个问题的处理 ……………… 29

2.5　动力显式有限元模拟（ABAQUES/Explict）
计算实例 ………………………………………… 32

2.6　本章小结 ………………………………………… 33

第3章　变壁厚反挤压模面优选 ……………………………… 34

3.1　变壁厚反挤压技术 ……………………………… 34

3.2　反挤压凹模的型面对变壁成形的影响概述 …… 36

3.3　变壁型腔处挤压凹模型腔曲线数学描述 ……… 37

3.4　型腔曲线优选模拟分析 ………………………… 38

3.5　凹模变壁处型腔曲线优选模拟 ………………… 42

3.6　变壁厚反挤压成形理论解析 …………………… 50

3.7　工艺参数对反挤压成形的影响 ………………… 54

3.8 最优工艺参数组合模拟 …… 62
3.9 本章小结 …… 68

第4章 缩口变形力学分析 …… 69
4.1 轴对称回转壳体的薄膜理论 …… 69
4.2 缩口变形分析与建模前提 …… 72
4.3 带出口直管的锥形缩口力学分析 …… 73
4.4 带出口直管的圆弧形缩口力学分析 …… 79
4.5 圆弧形缩口模与圆锥形缩口模比较 …… 83
4.6 锥形模缩口的成形极限 …… 86

第5章 带直管薄壁筒形件缩口变形颈口弯曲变形研究 …… 96
5.1 引言 …… 96
5.2 分析模型 …… 97
5.3 实验验证 …… 101
5.4 影响出口弯曲半径的因素 …… 103
5.5 带直管的小出口圆弧薄壁圆筒件缩口成形实例 …… 107
5.6 本章小结 …… 108

第6章 大锥度铝罐成形工艺分析及计算机数值模拟 …… 110
6.1 大锥度薄壁铝罐缩口成形工艺分析 …… 110
6.2 管坯圆弧缩口变形过程的计算机模拟 …… 113
6.3 圆弧面滚压成形及金属流动规律分析 …… 119
6.4 大锥度铝罐成形实验研究 …… 124
6.5 本章小结 …… 131

第7章 本书总结 …… 132
7.1 主要结论 …… 132
7.2 创新点 …… 134
7.3 有待进一步研究的问题 …… 134

参考文献 …… 136

第1章 绪 论

1.1 本书写作背景及意义

随着社会的进步和科学技术的发展,塑性成形生产中对零件形状的复杂多样性及尺寸的精度要求越来越高。传统的粗放的塑性成形加工技术不能满足市场、信息、环境和资源可持续发展的要求[1]。因此,作为先进制造技术(Advanced Manufacturing Technology)重要组成部分的先进塑性加工技术迎来了新的发展契机[2-5]。尤其在铝质气雾罐包装业,随着人们对于产品的个性化、多样化、品位等需求越来越高,单片罐的罐形和产量在不断增加,并已成为一些产品促销的重要手段。它包括滚筋罐、膨胀罐、浮雕罐以及兼具滚筋、浮雕和膨胀特点的复合异形罐等(见图1-1)。

图 1-1　铝罐外形

Fig. 1-1　The shape of aluminium cans

图 1-1　铝罐外形（续图）

Fig. 1-1　The shape of aluminium cans

　　迄今为止,国产的气雾罐几乎都是标准的圆柱形,如图 1-2 所示。然而,异形罐的质量标准与普通罐相同,价格却比普通罐高 10％～15％。我国在异形罐的设计与制造方面技术落后,尤其在制造大锥度铝罐时经常出现口部起皱现象,如图 1-3 所示。所谓大锥度铝罐是指铝罐口部为锥形缩口,但锥形半锥角大于 40°,利用传统的锥形缩口工艺无法成形的罐型。

图 1-2　标准圆柱罐

Fig. 1-2　Standard cylindrical cans

图 1-3 大锥度罐缩口起皱

Fig. 1-3 Nosing wrinkle of large taper can

为方便密封,铝罐的口部要进行卷边,一般要求缩口后保证 3mm 的出口圆弧,如图 1-4 所示。由于缩口后材料内部应力的释放,出口处会出现自由弯曲,如果出口圆弧设计不合理,会出现不贴膜现象,如图 1-5 所示,这些问题都限制了铝罐模具的自主开发。

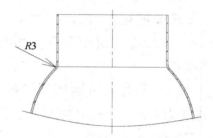

图 1-4 缩口口部圆弧

Fig. 1-4 The exit arc of nosing part

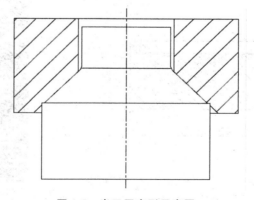

图 1-5 出口区变形示意图

Fig. 1-5 Sketch of the nosing exit deformation

　　国内的单片铝质气雾罐生产技术大部分依赖国外的设备供应商。尤其是制造铝罐的精密模具,国内自主开发能力有限,限制了新产品的开发和占领市场的能力。有关的市场信息还表明:对国外的高档次铝罐生产技术和设备方面也还存在技术引进壁垒,有些即使没有壁垒,引进价格也相当昂贵。

　　同时,随着人们生活质量的迅速提高,化妆品尤其是高档化妆产品的消费日趋旺盛,铝质气雾罐的用量必定逐年上涨。而铝质气雾罐是用单片铝材挤压成形,如图 1-6 所示。随着国产铝片材生产能力的提高,将促使企业最大限度地追求减少板料用量,减轻单罐质量,降低生产成本,以达到利润最大化,于是出现了变壁厚结构的气雾罐。变壁罐是指反挤压成形时罐的底部和口部的壁厚较厚而罐身的壁厚较薄的气雾罐。罐底厚度为了保证变形压力和爆破压力要求厚度较厚,罐口部位由于要保证收颈及卷边的质量也需要较厚,罐身部位由于所受压力较小可稍薄。它与均匀壁厚铝质气雾罐相比,可以节省物料,减轻单罐质量,提高材料利用率,降低生产成本,同时它可运用到任何直壁罐的生产,直径为 35～66mm,高度为 88～240mm 的产品。世界上制造的单片铝质气雾罐,多为直壁罐,只有少数国家的个别厂商有能力生产变壁罐。变壁罐生产技术在我国仍属空白项目。

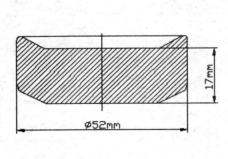

（a）用于反挤压的单片铝材　　　　（b）反挤压后的铝罐毛坯

图 1-6　铝罐毛坯成形

Fig. 1-6　The blank forming of aluminium can

　　针对我国目前的单片铝罐生产现状和市场需求,本书对铝罐生产中的关键技术开展了研究,目的是开发出节约材料的罐身变壁厚技术和具有市场竞争优势的口部大锥度铝罐制造技术。单片铝罐制造工艺流程如下:铝圆片润滑→冷挤压成形→修边/刷光→清洗/烘干→内喷涂/烘干→涂底色/烘干→彩印/烘干→上光/烘干→收颈。本书对冷挤压成形和收颈两个主要工序进行研究。罐身变壁厚技术是通过改变原冷挤压成形阶段模具结构而实现;口部大锥度铝罐制造技术是利用模具使铝罐变形区先收缩为圆弧形,然后利用滚轮滚压成形的新工艺,同时通过合理设计过渡圆弧半径,保证正确的出口圆弧大小。利用该技术制造的零件具有工艺简单、工序少、成本低、质量好等一系列优点,甚至可以生产出用其他制造方法难以得到的零件。如图 1-7 所示的大锥度锥肩铝罐,锥肩半锥角达 54°,出口圆弧半径为 3mm,该类锥肩在多种包装罐中均有出现,这样大的半锥角,若采用传统的缩径工艺来生产是不可能实现的。

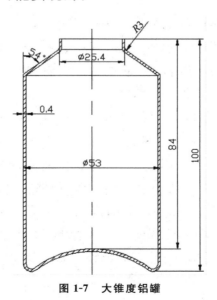

图 1-7　大锥度铝罐

Fig. 1-7　Large taper Aluminium can

　　概括来说,大锥度铝罐口部成形工艺是缩口与滚压组合,缩口部分类似于传统的圆弧缩口成形,圆弧面滚压成形工艺类似于滚珠旋压成形工艺,如文献[6]研究的薄壁筒形件多道次滚珠旋压成形,但滚珠旋压属于多点局部成形,成形时变形区小,圆弧面滚压利用滚轮滚压成形,接触区域由点到线逐渐扩大,达到碾平表面的目的;又类似于大锥度管端回转扩口工艺,如文献[7]研究的管端回转扩口成型,同样是应用滚子滚压,本课题研究的是滚压缩口,而文献[7]研究的是滚压扩口。

由于变壁厚技术和大锥度罐口成形工艺具有很大的商业价值,这些成形技术日益受到包装行业的重视,在中山市科技攻关项目(20092A133)"异型薄壁罐成型技术的研发"的支持下,本书开展了变壁厚成形技术、大锥度铝罐缩口成形技术、铝罐出口圆弧半径控制方法、大锥度铝罐成形过程计算机模拟等研究。

1.2　铝罐成形的研究方法

金属塑性成形过程的研究方法大致可分为三类[8-10]。第一类是基于经典塑性理论的解析方法,其中包括精确地联立求解塑性理论基本方程的数学解析法、将平衡方程和塑性条件简化后联立求解塑性理论基本方程的主应力法、针对平面应变问题提出的滑移线法、基于能量守恒原理的能量法和上限法等[11-15];第二类是以实测数据为分析基础的实验力学研究方法,如视塑性法、网格法、密栅云纹法等;第三类则是随着塑性理论的发展和计算机应用的普及,由传统的方法演化出来的数值分析方法,其中包括从上限法发展而来的上限元法(UBET)、从滑移线法发展而来的矩阵算子法等,与此同时还出现了一些新的数值分析方法,如有限差分法(FDM)、加权余数法(WRM)、边界元法(BEM)和有限元法(FEM)等。

1.2.1 铝罐成形的解析方法

主应力法是最早用于分析塑性成形问题的一种解析方法。主应力法是一种简化的应力解析法,它又称近似数学解析法,通过对物体应力状态所作的一些简化假设,建立以主应力表示的简化平衡方程和塑性条件,然后联立求解接触面的正应力。

用主应力法解题的基本原理[16]可以归纳如下:

(1)把变形体的应力—应变状态简化为轴对称问题或平面问题(包括平面应变状态和平面应力状态)。

(2)根据金属流动方向,沿变形体整个截面切取包括接触表面在内的基元体,或沿变形体部分截面切取包含有已知边界条件的表面在内的基元体,然后设作用于该基元体上的正应力都是均布的主应力。这样,就有可能在研究基元体的力的平衡条件时,获得简化的常微分平衡方程以代替精确的偏微分方程。

(3)假定模具与金属接触面上的边界条件为:正应力是主应力,剪应力服从库仑摩擦条件或常摩擦条件。

(4)假定材料是各向同性不可压缩的刚塑性材料,塑性变形沿整个体积是均匀的,原来的平面经变形后仍然保持平面。

(5)不考虑模具弹性变形,不考虑惯性力的作用,流动应力在所研究的特定变形区是常数。

由于上述原理是建立在假设基元体上作用着均布主应力的基础上,所以被称为"主应力法"。在有些著作中,考虑到该法的特点是切取基元体,和把复杂锻件分割为简单的轴对称问题和平面问题的单元,所以又称它为"切块法"。

利用主应力法基本原理求解锻压、拉拔等塑性成形工艺问题的变形力,数学演算比较简单,所得公式也能反映各种因素对变形力的影响。所以,主应力法是研究金属成形工艺和计算成形力的强有力的工具。

管材类成形属于平面应力问题,利用主应力解析方法可以解释材料成形过程的力学机理。罗云华[17]应用主应力法研究了管材端部的翻卷工艺;褚亮[18]利用主应力法研究了缩口变形区材料在考虑材料厚度变化和加工硬化影响因素的情况下缩口力数学模型。文献[19]利用主应力法研究了缩口成形过程中管材的应力应变分布。文献[20-21]利用主应力法研究了反挤压和正挤压时挤压力的数学模型。本课题利用主应力法研究铝罐变壁厚反挤压过程挤压力随筒壁变化趋势,以确定最优凹模变壁过渡曲面;同时利用主应力法研究带出口直管的管坯缩口过程成形工艺力的数学模型。

1.2.2 铝罐成形的数值计算方法

实验力学研究方法所得的结果直接或间接地来自于实测数据,减少或回避了对变形条件及材料性能等方面的许多假设,所以它的突出优点是结果可靠。因此,实验力学研究方法长期以来一直是一种用于金属塑性成形过程的不可替代的研究方法。但是,此类方法的缺点是:难以简单、直接地给出各种影响因素在金属塑性成形过程中相互之间的关系,因而不便于进一步进行成形极限分析以及工艺参数的优化;而且,实验力学研究方法往往由于耗资大、周期长、局限性大等原因,有时因为大型问题或系统状态的复杂性,根本无法进行实验,因此难以满足研究和分析的需要。鉴于实验力学研究方法的特点,一般将实验用于理论解析与数值计算结果的验证。

数值分析方法的优点是:利用数学领域在数值分析方面的成就,克服了求解塑性理论中的三重非线性(几何非线性、物理非线性和边界条件非线性)偏微分方程组所遇到的数学方面的困难,可以给出复杂的金属塑性成形问题的数值解。此类方法中最为突出的是有限元法,利用该方法可在计算机上对金属塑性成形过程进行模拟和分析,求出应力场、应变场、变形所需的载荷和能量,可以给出成形过程中坯料几何形状、尺寸和性能的改变,预测缺陷的产生和分析成形质量等。有限元法目前已成为研究塑性成形规律、材料变形行为及各种物理场的强有力的工具之一,并得到了广泛的应用[22-25]。有限元数值模拟方法的优点是:功能强,精度高,解决问题的范围广,可以用不同形状、不同大小和不同类型的单元来描述任意形状的变形体,适用于任意速度边界条件,可以方便合理地描述模具形状,处理坯料与模具间的摩擦,考虑材料硬化效应、温度等各种工艺参数对成形过程的影响,可以获得成形过程中任意时刻的力学信息和流动信息,如应变场、速度场、应力场、位移场、温度场,预测缺陷的生成和扩展等[26]。并可在计算机上虚拟实现成形过程,反复演示、计算和优化,这是其他研究方法所无法比拟的。

塑性有限元法分为两类:一类是流动型塑性有限元,包括刚塑性有限元与刚粘塑性有限元;另一类是固体型塑性有限元,包括弹塑性有限元与弹粘塑性有限元[27-29]。弹塑性有限元能有效处理卸载问题,计算残余应力与残余应变;但计算工作量大,数学处理比较复杂。刚塑性有限元由于简化了有限元计算列式,使计算过程大为简化,计算效率较高,故常用于大变形金属塑性加工过程的模拟;缺点是不能处理卸载问题与计算回弹量及残余应力等[30-36]。

在世界范围内,已推出了一些应用商用软件,如 ABAQUS、PAM-STAMP、LS-DYNA 3D、MARC、DEFORM、ANSYS 等,它们的出现标志着数值模拟技术向实际应用阶段迈出了重要的步伐。这些软件都采用弹塑性有限元方法,并在工业中得到了广泛的应用。结合铝罐成形工艺,本课题利用刚塑性有限元法(Deform)对铝罐毛坯反挤压进行数值计算,利用弹塑性有限元法(ABAQUS)对铝罐口部缩口成形进行数值计算。

1.2.3 本书的研究方法

从以上对金属塑性成形研究方法的分析可见,经典塑性理论解析、数值分析、实验力学方法是该领域的主要研究方法,本书针对单片铝罐的轴对称特点,采用薄壳理论的主应力解析法→数值分析→实验验证等研究方法,进行变壁厚大锥度铝罐的成形关键技术研究。包括对于变壁厚反挤压技术,根据材料流动规律,通过合理设计凸凹模间隙,并通过数值模拟技术(deform)优选出合理的凹模过渡型面,实现理想的变壁厚;针对大的半锥角在缩口成形时的受力特点,进行大锥度缩口成形过程的工艺研究,并通过数值模拟软件(abaqus)研究成形过程的材料流动,最后通过工艺试验进行验证。

1.3　冷挤压研究现状

1.3.1　冷挤压工艺的研究

冷挤压技术是一种比较传统的成形工艺,经过几个世纪的发展,世界各国在挤压工艺的成形机理及数值计算方面做了大量的工作,形成了较为完善的理论体系,以下介绍了前人在冷挤压方面所做的研究工作。

冷挤压的加工方法[37-38]是在室温的条件下,将冷态的金属毛坯放入装在压力机上的模具型腔内,在强大的压力和一定的速度作用下,迫使金属产生塑性流动,通过凸凹模的间隙或者凹模出口,挤出断面比毛坯断面要小的空心或实心零件。故冷挤压工艺按照挤压时金属流动方向与凸模运动方向的相互关系,基本分类如下:

(1)正挤压:金属的流动方向与凸模的运动方向相同,图1-8(a)即为正挤压实心工件的情形。

(2)反挤压:金属的流动方向与凸模的运动方向相反,图1-8(b)即为反挤压空心杯形工件的情形。

（3）复合挤压：毛坯一部分金属流动方向与凸模的运动方向相同，而另一部分金属流动方向则与凸模的运动方向相反，如图1-8（c）所示，使用复合挤压法可以制造双杯类零件，也可以制造杯杆类零件和杆杆类零件[20-21]。

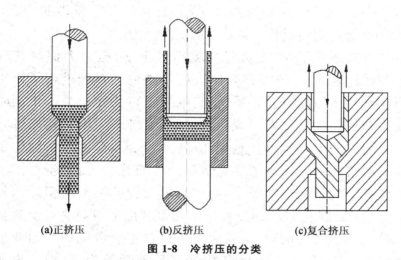

(a)正挤压   (b)反挤压   (c)复合挤压

图 1-8 冷挤压的分类

Fig. 1-8 Classification of cold extrusion

冷挤压的发展在初期是极其缓慢的，长期以来一直局限于铅和锡等几种较软的金属材料。与其他金属塑性加工方法（如轧制、锻压）相比，挤压法出现较晚[39]。18 世纪末，法国人首先成功地冷挤出铅棒。约 1797 年，英国人布拉曼（S. Braman）设计了世界上第一台用于铅挤压的机械式挤压机，并取得了专利。1820 年英国人托马斯（B. Thomas）首先设计制造了液压式铅管挤压机。此后，管材挤压得到了较快发展。著名的 Tresca 屈服准则就是法国人 Tresca 在 1864 年通过铅管的挤压实验建立起来的。1870年英国人 Haines 发明了铅管反向挤压法。1894 年英国人 G. A. Dick 设计了第一台可挤压熔点和硬度较高的黄铜及其他铜合金的挤压机。1903 年和 1906 年美国人 G. W. Lee 申请并公布了铝、黄铜的冷挤压专利。1930 年欧洲出现了钢的热挤压，但钢的挤压真正得到较大发展并被用于工业生产，是在 1942 年发明玻璃润滑剂之后。1965 年德国人 R. Schllerde 发表了等温挤压实验研究结果，英国的 J. M. Sabroff 等申请并公布了半连续静液挤压专利。1971 年英国人 D. Green 申请了 Conform 连续挤压专利之后,挤压生产的连续化受到了极大的重视,于 20 世纪 80 年代初实现了工业化应用。1970 年以来,人们对金属反挤压开始了重新评价,并对其产生了浓厚的兴趣。尤其是近十几年来,随着挤压技术的进步,专用的挤压机的出现和反挤压工具的改进,反挤压技术有重新兴起的趋势。

尽管挤压法早在 18 世纪末就已经出现,但是人们对其理论研究却比较晚[40]。1913 年,H. C. 库尔纳柯夫首先进行了挤压时金属流动和压力的研究。稍后,施维斯古特研究了挤压黄铜时的金属流动规律和缩尾的形成机理。H. 温凯尔则用塑胶泥研究了不同挤压时的流动景象。直到 1931 年,E. C. 芬克导出的轧制变形功的解析法首先建立了计算挤压力的简化公式,由于在该公式中未考虑不均匀变形和摩擦的影响,因而计算结果与实际相差甚远。随后,G. 萨克斯、C. H. 古布金相继利用平截面法得出各自的计算挤压力公式。然而,平截面法仍存在不能考虑不均匀变形影响的问题。R. 希尔于 1948 年经严密的数学处理,将滑移线场理论运用到解决平面应变挤压问题。此后,W. 约翰逊等人运用滑移线场理论解决了各种挤压条件下的平面应变问题。但是,由于利用滑移线场理论求解时计算很繁琐,而且该方法不太适用于轴对称问题。因此,在 50 年代末期,W. 约翰逊与工藤英明发展了上界定理在各种挤压条件下的平面应变和轴对称问题的解法。此外,在 50 年代中期,E. G. 汤姆逊等人发展了一种将金属流动实验测量和应力计算结合起来的方法,即所谓的视塑性法。到 60-70 年代,P. V. 马尔卡、山田、小林等人相继将有限元技术用于解决塑性加工问题,这种方法能满意的求解出塑性加工时变形区中的应力、应变、应变速率的分布及温度场。现在这种方法已被广泛应用于分析挤压成形过程。

1.3.2 凹模型腔轮廓的研究

凹模型腔轮廓的形状对控制金属流动、坯料的应力分布、应变分布以及挤压力具有明显的影响。不适当的凹模型腔轮廓设计会导致过多的材料内部剪切,模口附近金属流动方向的急剧变化以及材料挤出速度的不均匀等等,因而在挤压铝合金材料时,会引起纤维断裂和第二相粒子与主体材料分离等问题。因此,凹模型腔轮廓设计就成为挤压工艺设计中最重要的方面之一[41]。

通常,凹模型腔轮廓形状往往是根据经验来选择成形参数,如挤压比、成形速率、模具材料性能、金属流动应力曲线及模具与工件间的摩擦条件等,即所谓的"经验设计"。其设计流程一般是按照"设计→反复试模→反复修模、改模→反复调整挤压工艺参数"的模式进行。近年来,随着新型的实验和计算理论的应用及发展,我们可以通过优化方法对模具轮廓形状进行选择[42]。

凹模型腔轮廓形状主要由五种线型表示:余弦曲线(C 型线模),三次曲线,直线(T 型线模),椭圆曲线,双曲线(形状类似于H 型线模)。哈尔滨工业大学陈维民等通过有限元模拟计算结合实验的方法,得出除三次曲线外的四种曲线中,以 E 型曲线对应的挤压力最小,而 H 型曲线对应的挤压力最大[43]。北京理工大学王富耻等通过 ANSYS 有限元计算软件对四种不同曲线型腔模具下的钨合金静液挤压过程进行了数值仿真研究,得到了钨合金静液挤压时挤压压力、试样内部应力、应变场、模具表面压力随型腔线型的变化规律,为钨合金静液挤压过程中凹模型腔曲线的优化设计提供了一定的理论依据[44]。华中科技大学邹琳等采用刚粘塑性有限元分析和优化算法相结合,利用三次样条函数插值表达挤压模具型腔轮廓形状,以修正的序列二次规划法为优化方法,对挤压模具型腔轮廓形状进行了多目标优化设计,建立了多目标优化的数学模型,把曲线型腔模具与直线型腔模具对应的表面载荷进行了对比,得出曲线型腔表面载荷分布比直线型更均匀,数值更小的结论[42]。东北大学赵德文等分别建立了不同曲线型腔模具下圆棒拔制问题的运动学许可速度场,对该场以曲面积分确定摩擦功率;以双剪应力屈服准则和变上限积分确定变形功率,得到拔制力的上限解析解,发现对塑性差、强度低的金属选用椭圆曲线型腔模具拔制,更有利于加工变形[45]。印度学者 N. Venkata 采用上限法,分析了轴对称挤压模具型腔为流线型时的挤压力与载荷沿凹模型腔轮廓表面的分布规律,发现采用三阶、四阶多项式和 C 型曲线型腔模具在降低挤压力和模具内压上有很明显的优势[46]。此外,致力于对挤压模具型腔曲线优化并取得了一定成果的学者还有林高用[47]、吴向红[48]、黄克坚[49]等。

上述学者的研究结果往往集中于正挤压凹模型腔,对于变壁厚反挤压过渡型面的研究基本没有,但反挤压的过渡型面可以借鉴正挤压口部死区模面的优化方法,本书将利用有限元方法优选过渡型面曲线。

1.4　缩口工艺研究进展

缩口是使管子通过锥形模(或圆弧模)以减小其外径的成形方法。根据缩口工艺方法的不同,缩口加工分为冲压缩口[50]、旋压缩口[51]、电磁成形缩口[50];按缩口变形方式的不同,缩口加工分为拉拔缩口[52]和推压缩口[53],如图 1-9 所示;按缩口时有无芯轴,缩口加工分为自由缩口和有芯轴缩口[54]。

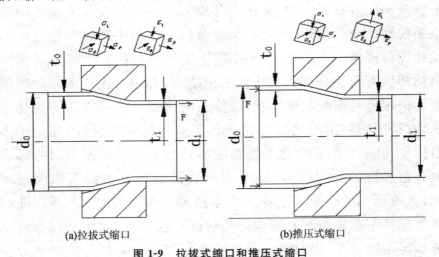

(a)拉拔式缩口　　　　　　　(b)推压式缩口

图 1-9　拉拔式缩口和推压式缩口

Fig. 1-9　Drawing sinking and pushing sinking of tube

关于拉拔缩口的研究较多,文献[55-58]分析了拉拔缩口成形过程,文献[58]给出了拉拔凹模最佳锥角、拉拔力、最大允许缩口系数以及缩口后壁厚变化的计算公式。文献[59]给出了工程上计算管坯拉拔应力的计算公式。

目前关于管材推压缩口的工程应用较多,相关的文献研究主要集中在成形机理、新工艺、有限元数值模拟等方面,生产应用已经逐步向 CAE 方向发展[60-69]。

在成形机理研究上,运用塑性理论对缩口成形的机理作了进一步完善,如夏巨堪等[70]分析了薄壁管缩口挤压的成形过程,并把它分为 4 个阶段,建立了坯料刚性滑入凹模的动力学条件;利用主应力法和修正的 Tresac 屈服准则,导出了缩口成形力和壁厚变化规律的计算公式。俞颜勤等[71]分析了薄壁圆管缩口变形的特点,导出了缩口力的表达式,并求出了缩口变形的最佳凹模半锥角,分析了影响最佳凹模半锥角的主要因素。余载强等[72]通过对锥角缩口变形区和自由弯曲区的变形特点分析与应力场数学分析,建立了一种锥形凹模缩口应力场的数学模型和缩口力计算公式,探讨了各因素的影响和制约关系,所建模型和公式可用于设计和生产。胡成武等人[73-74]采用主应力法和能量法,应用金属塑性成形理论对缩口成形工艺中的两个主要技术参数缩口力和缩口尺寸进行分析,导出以轴对称屈曲失效作为破坏形式的临界缩口尺寸和缩口力,对缩口工艺的拟定具有重要的参考价值;同时,还应用金属塑性成形理论推导出了筒形件锥形凹模缩口成形中作用于毛坯壁上的最小轴向应力的锥形凹模锥角表达式,并分析了摩擦因数对锥形凹模锥角的影响。牛卫中[75-76]利用轴对称应力平衡方程对抛物面形缩口的应力进行了分析,给出了径向应力的表达式和缩口力的计算公式;同时,还应用轴对称薄壳理论,分析了旋转椭球面形缩口的应力变化,得出了缩口系数大于等于 0.71 时的径向应力变化规律,推出了最大轴向压应力和缩口力计算公式。文献[77-78]用主应力法求出缩口应力,结合塑性本构关系确定了缩口后的壳体壁厚变化。诸亮[18]在考虑材料厚度变化和加工硬化的基础上,根据是否考虑弯曲的影响,研究了锥模缩口的缩口力计算公式。

在成形新工艺上,主要表现在包括缩口成形工艺的复合工艺研究,特别是在汽车零部件的生产上得到了新的发展。燕山大学王连东[79]采用缩口-液压胀形复合成形汽车桥壳,选择适当尺寸的管坯首先进行机械缩口将其端部直径减至零件图要求,再进行轴向压缩复合液压胀形将中间部分扩张成形,形成了汽车桥壳液压胀形的工艺技术,并经实验研究得以完善。上海交通大学林新波[80]等人采用冷挤压-缩口-扩口相结合的工艺方案,对薄壁深锥形零件的成形工艺进行了实验研究。山东大学王同海[81]等人针对凸筋类管件的冷压成形,提出了一种缩口-轴压-胀形的复合成形新工艺并对其进行了研究。山东大学刘伟强[82]等人对筒形件缩口压平成形工艺进行了研究,解决了同时需要内、外支承的高强度材料缩口后因为口径缩小而无法取出芯模的问题。

随着有限元分析技术的发展,有限元数值模拟在缩口成形中显示了明显的优势,已经逐步向 CAE 方向发展,华南理工大学黄毅宏[83]等人考虑到材料应变硬化和摩擦边界条件等,应用刚塑性有限元法分析缩口过程,得出用不同模角缩口时工件的应力、应变分布和变形情况,讨论了模角对变形力和等效应变速率、静水压力分布的影响,并提出缩口的最佳模角。吉林大学刘建中[84]等人采用刚粘塑性有限元方法对轿车等速万向节球形壳精密冷缩口成形分析,得到了成形几何参数、摩擦因子与缩口成形性间的关系,为球形壳模具设计以及缩口成形实验等工作的进行起到了指导作用。华中科技大学夏巨谌[70]等人采用刚粘塑性有限元方法对薄壁管缩口挤压工艺进行了模拟分析。燕山大学张涛[85]等人考虑材料加工硬化和摩擦边界条件等,应用商用有限元软件ANSYS 对旋压缩口的变形进行了分析,为进一步合理地确定工艺参数提供了可靠依据。

国外在缩口工艺也进行了很多研究。例如,Nadai[86]最早对缩口工艺进行了研究,给出了进行应变分析的方法。利用 Nadai

的方法,Carlson[87]提出了在最终形状已知的情况下决定最初管坯形状的方法。在 Carlson 方法的基础上,Lahoti 等[88]编写了预成形工艺设计的计算机程序。Kobayashi[89]推导出了一种根据模具表面上切向速度分布来确定初始管坯形状的近似方法。Tang等[90]计算出了缩口工艺预成形坯料厚度与成形后的坯料厚度的具体函数关系表达式。Guo[91]采用上限法对管材缩口进行了分析。K. K. Um 等[92]采用上限法对管材拉拔和缩口进行了理论分析,并讨论了工艺参数对其的影响。Ruminski 等[93]分析了管材缩口工艺中材料的机械性能和应变场的分布对模具形状的影响。Reid 和 Harrigan[94]研究了在准静态和动态条件下的金属管材内卷曲和缩口的瞬态效应。Dai 和 Wang[95]提出了采用主剪应力法,并对锥形凹模缩口和拉拔成形工序进行了应力分析。Harri-gna[96]研究了管材的缩口和内卷曲成形工艺。Kwan[97]研究了采用管材液压成形和管材缩口两种方法来生产球形阀,并用有限元模拟软件 Deform-3D 对其进行了模拟分析,通过工艺实验比较,得出管材缩口方法是可接受的方案。Lu[98]依据体积不变条件和 Lev-y-Mises 方程,提出了一种用于计算球形凹模缩口预成形、缩口比和加载速率的近似方法。Hideki Utsunomiya 和 Hisashi Nishimura[99]研究了模具间隙和工艺圆角对缩口起皱的影响,提出在出现起皱的区域引进圆弧可以降低失稳,同时可以降低壁厚和成形力。文献[100]对管材缩口过程中出现的非对称起皱进行了理论预测,采用能量解析法导出了管材缩口过程中的起皱准则。

1.5 本书的主要研究内容

综合国内外对缩口技术研究现状,可以发现,对缩口成形工艺,早期研究者大都采用理论研究、数值分析或实验研究相结合的方法,理论研究大都采取主应力分析法,并针对不同的零件特点研究了一些新的成形工艺,并将数值模拟技术成功应用于缩口领域。但研究重点主要放在成形工艺力和变形区壁厚变化及圆锥模缩口最佳半锥角方面,对锥形缩口的成形半锥角极限鲜有触及,大锥度零件的缩口工艺基本没有研究。前人对不带出口直管的缩口工艺研究较多,对带出口直管的缩口零件力学模型基本没有研究。

本书针对变壁厚大锥度薄壁铝罐的成形问题展开研究,拟采用塑性成形理论解析、计算机数值模拟和工艺试验相结合的研究方法,以单片铝罐的成形工艺路线为主线,进行铝罐毛坯的变壁厚反挤压和大锥度铝罐口部缩口成形的理论及应用研究,主要研究内容如下:

(1)建立变壁厚反挤压工艺,并通过有限元模拟技术比较不同变壁型腔过渡曲面对挤压力、材料流动和口部偏摆的影响,优选出最佳过渡曲面,讨论重要工艺参数对变壁挤压工艺的影响,建立最优的反挤压模型。

(2)对圆弧模缩口和圆锥模缩口进行力学分析,建立两种缩口形式不同缩口区域的应力分布模型,剖析不同缩口模面对缩口工艺力的影响;对锥形缩口建立反弯复直力学模型,研究锥形缩口最大半锥角极限,为进一步研究大锥度铝罐成形工艺奠定一定的理论基础。

(3)通过对薄壁圆筒形工件缩口成形中颈口弯曲部分进行力学分析,建立出口处自由弯曲半径的计算公式,并通过工艺实验对计算公式进行验证,为后面研究铝罐多道次缩口成形中出口圆弧半径的确定提供理论依据。

(4)对大锥度铝罐的缩口成形工艺进行研究,根据零件特点,创造性地提出滚压碾平工艺,建立大锥度薄壁铝罐的多道次圆弧缩口和滚压加工相结合的工艺技术,利用前面章节的理论基础,缩口成形阶段的主要目的是成形半锥角和口部直径,提供滚压成形的毛坯,其成形效果的好坏,对滚压成形的质量起着关键作用;滚压成形阶段加工出最后的零件形状,并通过有限元模拟和零件的成形验证了该工艺过程。

第2章 铝罐挤压及缩口过程的计算机数值模拟理论

金属塑性成形过程既存在几何非线性（应变与位移之间的非线性）特征，又存在物理非线性（应力与应变之间的非线性）特征，加之初始条件的复杂性及数学处理上的困难，因而长期以来人们只能通过简化、假设和实验、经验数据以及图解、模型等方法，即回避这些难点才能分析金属塑性成形问题，难以适应飞速发展的工业生产的需要。随着计算机的兴起和应用以及20世纪70年代塑性有限元法的发展，很多塑性成形技术中的问题都迎刃而解，塑性成形学科取得了突破性的进展。计算机图形学与有限元法及成形工艺学的有机结合，开创了金属塑性成形过程的有限元模拟的新局面，成为拟定制造技术的核心，也实现了新产品开发短周期、高质量、低成本目标的重要手段，同时也推动着金属塑性成形技术的进步[101-103]。

单片大锥度铝罐反挤压及缩口变形都是复杂的成形过程，既存在材料非线性，又存在几何非线性。为了正确地揭示成形过程中金属的变形规律，必须采用非线性连续介质力学理论进行描述。本章概述了缩口变形过程及挤压过程的有限元模拟中所涉及的基本理论、有限元计算方法及关键技术问题的处理方法。

2.1 板壳描述

经典壳理论的运动学有两种：允许横向剪切，即考虑了法线在板壳横截面内的转动效应的理论称为 Mindlin-Reissner 理论；不允许横向剪切的理论称为 Kirchhoff-Love 理论[104-105]。运动学假设分别为：

（1）Kirchhoff-Love 理论：中面的法线保持直线，且始终垂直于中面，但没有定点转动。

（2）Mindlin-Reissner 理论：中面的法线保持直线，可以有定点转动。

在工程中，当壳体的厚度与中面的曲率半径之比小于 1/20 时，即当作薄壳来处理。实验证明，薄壳满足 Kirchhoff-Love 假设。对于较厚的壳或者组合壳体，横向剪切的效果特别重要，因此 Mindlin-Reissner 假设更为合适。Mindlin-Reissner 理论也可以应用于薄壳中，在这种情况下，法线将近似地保持法向，横向剪切将几乎为零。需要指出的是，Mindlin-Reissner 理论是针对小变形问题提出的，并且大多数实验验证都是关于小变形的，一旦产生大变形，是否最好假设"当前法线保持直线"或者"初始法线保持直线"是没有最终定论的[106-107]。

薄壳理论除了运动学假设之外，还有一个针对应力状态的假设：法向正应力忽略不计，即平面应力条件或者零正应力条件。这样可以把薄壳看成由许多平行于中面的薄层组成，他们互不挤压，单独变形而又保持直法线特性，于是薄壳的变形问题就可以简化为研究中面的变形问题。在数值计算中，经常采用离散的 Kirchhoff-Love 和离散的 Mindlin-Reissner 理论，即在有限的点，一般为积分点上应用上面的假设，在单元的其他点上则发生横向剪切，但是忽略不计。

薄壁大锥度铝罐成形的罐坯通常是薄壁深杯形件，厚度为 0.3～0.5mm，直径为 20～60mm，其变形可以采 Kirchhoff-Love 理论来描述，将缩口变形视为薄膜的变形，在有限元分析中采用膜单元。

2.2　大锥度缩口成形中的动力显式有限元分析方法

　　静力隐式算法和动力显式算法是目前薄板管冲压成形模拟主要采用的方法,由于两种算法基于的原理不一样,在对薄板管冲压成形及回弹过程进行数值模拟时,两种算法计算的效率和准确性也有很大的差别。静力隐式算法是一种无条件稳定的算法,但其计算过程需要构造和求解刚度矩阵,联立求解非线性方程组,而且每一步迭代都要进行接触判断,对于薄板管冲压成形这种包含接触摩擦高度非线性的过程分析,这时往往会出现迭代不收敛的情况,即使收敛,计算时间也很长,所以静力隐式算法在模拟模型较大和接触条件复杂的冲压成形时效率较低。

　　动力显式算法在计算中考虑了速度和加速度的影响,其假设冲压成形过程相当于是一个在动载荷作用下的力学响应过程。将静态的板料成形问题虚拟地视为动力过程。动态显式算法基于动态平衡方程,对求解域空间进行有限元离散化,对时间域采用中心差分法,使有限元方程的计算显式化,避免了因迭代计算和非线性引起的收敛问题。虽然动力显式算法是条件稳定的,受最小时间步长的限制,但由于冲压成形本身的非线性特性,要求必须采用较小的时间积分步长,才能获得精确解,基本上弥补了动力显式算法的不足[108]。因此,本书在缩口成形分析中,采用了动力显式有限元分析方法。

2.2.1　控制微分方程等效转化

　　整个成形过程薄板管成形变形体的任意质点满足如下方程:
在整个变形体 Ω 内满足动量方程:

$$\sigma_{ij,j} + \rho f_i - c\dot{u}_i = \rho\ddot{u}_i \tag{2-1}$$

在力的边界条件 S_σ 上满足：

$$\sigma_{ij} n_j = T_i(t) \tag{2-2}$$

在位移的边界条件 S_u 上满足：

$$u_i(X_j, t) = U_i(t) \tag{2-3}$$

式中，σ_{ij} 为柯西应力；f_i 为单位质量体积力；$\ddot{u}_i$ 为加速度；$\dot{u}$ 为速度；ρ 为质量密度；c 为阻尼系数；n_j 为现时构形边界 S_σ 的外法线方向余弦，$j=1,2,3$；$T_i(t)$ 为外力载荷，$i=1,2,3$；$U_i(t)$ 为给定位移函数，$i=1,2,3$。

根据虚位移原理，外力在虚位移上所做的虚功等于体内应力在虚应变上所做的虚功。任意选取满足位移边界条件的位移变分 δu_i，则可以建立与动量方程和边界条件等效的积分形式，即伽辽金平衡方程的弱形式：

$$\int_\Omega (\rho \ddot{u}_i + c\dot{u} - \sigma_{ij,j} - \rho f_i) \delta u_i \mathrm{d}V + \int_{S_\sigma} (\sigma_{ij} n_j - T_i) \delta u_i \mathrm{d}S = 0 \tag{2-4}$$

应用高斯公式和散度定理，并考虑到在边界 S_u 上位移的变分 δu 为零，因而可以得到：

$$\int_\Omega (\sigma_{ij} \delta u_i)_{,j} \mathrm{d}V = \int_S \sigma_{ij} n_j \delta u_i \mathrm{d}S \tag{2-5}$$

根据分部积分公式可得：

$$(\sigma_{ij} \delta u_i)_{,j} - \sigma_{ij,j} \delta u_i = \sigma_{ij} \delta u_{i,j} \tag{2-6}$$

代入公式（2-4），即得到与式（2-3）等效的虚功原理的变分形式：

$$\delta\pi = \int_\Omega \rho \ddot{u}_i \delta u_i \mathrm{d}V + \int_\Omega c\dot{u}_i \delta u_i \mathrm{d}V - \int_\Omega \sigma_{ij,j} \delta u_i \mathrm{d}V$$
$$- \int_\Omega \rho f \delta u_i \mathrm{d}V - \int_{S_\sigma} T_i \delta u_i \mathrm{d}S = 0 \tag{2-7}$$

式中，第一项为惯性力所做的功；第二项为阻尼力所做的功；第三项为物体内力所做的功；第四项为体积力所做的功；第五项为外力所做的功。

2.2.2 薄板管成形过程有限元格式建立

在变形体空间域 Ω 中,使用有限元离散化方法将之离散为诸多个单元。对于薄壳的成形问题通常构造和选取相应的壳体单元,选取插值函数为 $N_i(i=1\sim n)$,对公式(2-7)在空间域 Ω 中进行离散。单元内任意点的位移可以通过节点位移和形状插值函数来表示。

$$u_i(t) = \sum_{m=1}^{n} N_i u_i^m(t)$$

$$v_i(t) = \sum_{m=1}^{n} N_i v_i^m(t)$$

$$w_i(t) = \sum_{m=1}^{n} N_i w_i^m(t) \tag{2-8}$$

式中,$u_i^m(t)$ 为 t 时刻单元节点 m 的位移值;N_m 为离散单元的形状函数;n 为单元的节点数目。

将式(2-8)代入式(2-7),然后对所有单元求和,可得变分列式(2-7)的近似等式,再取此表达式的矩阵形式:

$$\delta\pi = \sum_{k=1}^{K} \delta u^{eT} \Big[\int_{\Omega_e} \rho N^T N \dot{u}^e dV + \int_{\Omega_e} B^T \sigma dV - \int_{\Omega_e} \rho N^T f dV$$

$$- \int_{S_e} N^T f dV - \int_{S_e} N^T T dS \Big]_k = 0$$

$$\tag{2-9}$$

式中,K 为单元数目;σ 为柯西应力矢量;f 为体积矢量;T 为外力矢量。B 为应变矩阵。

由于式(2-9)中的 δu 具有任意性,所以可以得到下列方程:

$$\sum_{k=1}^{K} \big[M^e \ddot{u}^e + C^e \dot{u}^e + F_{int}^e - F_g^e - F_{ext}^e \big] = 0 \tag{2-10}$$

式中,$M^e = \int_{\Omega_e} \rho N^T N dV$ 为单元质量矩阵;$C^e = \int_{\Omega_e} c N^T N dV$ 为单元阻尼矩阵;$F_{int}^e = \int_{\Omega_e} B^T \sigma dV$ 为单元内力;$F_g^e = \int_{\Omega_e} \rho N^T f dV$ 为单

元体积力；$F_{ext}^{e} = \int_{S_e} N^{T} T dS$ 为单元外载。

将各单元计算的结果进行组集后可得薄板变形过程的有限元方程离散形式：

$$Ma + Cv + F(x,v) - P(x,t) = 0 \qquad (2-11)$$

式中，第一项为惯性力；第二项为阻尼力；第三项为内力；第四项由外力和体力组成；M 为总体质量矩阵；a 为总体节点加速度矢量；F 为由单元应力场的等效节点力矢量组成；P 为包括节点载荷、面力、体力等的总体载荷矢量。

2.2.3　显式时间积分

由前面介绍动力显式算法的优越性可知，在薄板管成形中一般采用动力显示算法。

由中心差分算法[109]可得到在 $t + \Delta t$ 时刻的节点位移 $u^{t+\Delta t}$：

$$u^{t+\Delta t} = (\frac{1}{\Delta t^2}M + \frac{1}{2\Delta t}C)^{-1}\left[f_e - f_i + \frac{M}{\Delta t^2}(2u^t - u^{t-\Delta t}) + \frac{C}{2\Delta t}u^{t-\Delta t}\right]$$

$$(2-12)$$

此即动力显式求解方法（dynamic explicit algorithm，DE），对于动力显式算法每个自由度的位移由式(2-12)独立求出。

对于时间步长 Δt 的确定，其原则是时间步长 Δt 应当小于临界值 Δt_{cr}，即：

$$\Delta t < \Delta t_{cr} = \eta \frac{T_{min}}{\pi} \qquad (2-13)$$

式中，Δt_{cr} 为系统的临界时间步长；T_{min} 为有限元的最小固有振动周期。η 为小于 1 的系数，一般取值范围为 0.5～0.8。在实际计算中，可由单元尺寸近似确定临界时间步长。对任一个单元，近似有：$\Delta t_{cr} \leqslant \frac{L_e}{c}$，其中弹性波波速 c 为：

$$c = \sqrt{\frac{2G(1-v)}{(1-2v)\rho}} \qquad (2-14)$$

式(2-14)中，G 是剪切模量；v 是泊松比；L_e 为单元特征长度；

$$L_e = \min(l_i)；\quad l_i = \frac{(1+\beta)A}{\max(l_1, l_2, l_3(1-\beta)l_4)}；A$$ 为单元面积；l_1，l_2，

l_3，l_4 为单元边长长度；β 为系数，四边形壳单元时 $\beta=0$，三角形壳单元时 $\beta=1$。对于薄壁筒形件缩口成形，一般采用动力显式算法。

2.3　单片铝罐管坯反挤压成形的刚塑性有限元法

金属塑性成形模拟中的有限元法大致可以分为两类：

(1)固体型塑性有限元法。包括小变形和大变形弹塑性有限元法。

(2)流动型塑性有限元法。包括刚塑性有限元法和刚粘塑性有限元法[110-112]。

对于深杯形件挤压这样的大变形过程，这时材料的弹性变形量远远小于塑性变形量，可以忽略其中的弹性变形，而将材料的物理模型简化为刚塑性模型。针对这种刚塑性材料建立的有限元法就成为刚塑性有限元法。它是由小林史郎(Shino Kabayashi)和李(Lee. C. H)于 1973 年提出来的。刚塑性有限元法每一加载步的计算，都是在前材料累加变形的几何形状和硬化状态的基础上进行的，且每步变形增量都较小，因此可以用小变形的计算方法来处理挤压中的大变形问题。由于刚塑性有限元法计算每一步的应力值时都不是靠应力增量逐步叠加求得的，而是直接计算求得，所以没有应力累计误差。因此，计算步长可以相对取得大些，故计算时间减少，计算效率增高，且其计算结果较为精确。此外，在刚塑性有限元分析中，通常采用概率方程表示，即列式本身是根据小应变增量建立的，故变形后的构型可以通过在离散空间上对速度积分而获得，从而避开几何非线性问题。这些特点使刚塑性有限元法列式比较简单，易于编程实现。目前，刚塑

性有限元法是 Deform 软件的核心算法,广泛应用于铝型材冷挤压成形过程模拟。

2.3.1 刚塑性有限元法的基本方程

大变形金属塑性变形过程非常复杂,完整的描述变形特征和行为几乎不可能,在实际的塑性力学求解过程中,需要对变形过程进行一定的理想化处理。刚塑性材料模型理论对材料进行了以下的理想化处理[113-115]:

(1)不计材料的弹性变形,金属塑性成形时,忽略材料在塑性变形前及在塑性变形中的弹性变形,认为材料是刚塑性的,塑性应变增量就是总的应变增量。

(2)材料是匀质和各向同性的。

(3)塑性变形流动服从 Levy-Mises 流动理论。

(4)认为塑性变形过程体积不变。

(5)不计体积力和惯性力。

(6)加载条件给出刚性区与塑性区的界限。

刚塑性有限元法的主要不足之处在于不能进行卸载分析,无法得到残余应力、应变和回弹。假设变形体的体积为 V,表面积为 S。其中表面积 S 分为 S_V 和 S_P 两部分,其中,S_V 表面上给定速度 v_i^0,S_P 表面上给定表面力 p_i。在 p_i 作用下,整个变形体处于塑性状态。则材料在挤压流动过程中满足下列基本方程和边界条件:

(1)力平衡方程

$$\sigma_{ij,j} + p_i = 0 \qquad (2-15)$$

(2)几何方程(速度和应变速率关系)

$$\dot{\varepsilon}_{ij} = \frac{1}{2}(v_{i,j} + v_{j,i}) \qquad (2-16)$$

(3)本构关系

$$\dot{\varepsilon}_{ij} = \frac{3}{2} \frac{\dot{\bar{\varepsilon}}}{\bar{\sigma}} \sigma'_{ij} \qquad (2-17)$$

式中，$\bar{\sigma}=\sqrt{\dfrac{3}{2}\sigma'_{ij}\sigma'_{ij}}$ 是等效应力；$\dot{\bar{\varepsilon}}=\sqrt{\dfrac{3}{2}\dot{\varepsilon}'_{ij}\dot{\varepsilon}'_{ij}}$ 是等效应变率。

（4）屈服准则

$$Y = f(\bar{\varepsilon}) \tag{2-18}$$

式中，Y 表示材料变形真实应力；$\bar{\varepsilon}$ 为等效应变。

（5）体积不可压缩条件

$$\dot{\varepsilon}_v = \dot{\varepsilon}_{ij}\delta_{ij} = \dot{\varepsilon}_x + \dot{\varepsilon}_y + \dot{\varepsilon}_z = 0 \tag{2-19}$$

（6）边界条件包括力边界条件和速度边界条件

$$\sigma_{ij}n_j = p_i, s \in s_p \tag{2-20}$$

$$v_i = v_i^0, s \in s_v \tag{2-21}$$

式中，n_j 表示 s_p 表面上任一点单位外法线矢量的分量。

2.3.2　变分原理

变分原理是刚塑性有限元法的理论基础。刚塑性有限元法是借助 Markov 变分原理来求解近似解的，可以这样描述：对于刚塑性边值问题，在满足变形几何方程式（2-15）、体积不可压缩条件式（2-16）和边界位移速度条件式（2-17）的一切运动容许速度场 v_i^* 中，使泛函：

$$\prod = \int_V \bar{\sigma}\,\dot{\bar{\varepsilon}}\,\mathrm{d}V - \int_{S_p} p_i v_i \mathrm{d}S \tag{2-22}$$

取驻值（即一阶变分 $\delta\prod=0$）的 v_i 为本问题的精确解。式中 $\bar{\sigma}$ 和 $\dot{\bar{\varepsilon}}$ 分别为等效应力和等效应变速率，p_i 是作用在 S_p 上的表面力。

Markov 变分原理的物理意义是指刚塑性变形体的总的能耗率，泛函Ⅱ的第一项表示变形工件内部的塑性变形功率，第二项则代表工件表面的外力功率。对于塑性加工问题，外力功率主要指变形工件与模具接触界面的摩擦功率。

Markov 变分原理是塑性力学中上限定律的另一种表达形式。它要求速度场的实现必须满足体积不可压缩条件，即：

$$\dot{\varepsilon}_v = \delta_{ij}\dot{\varepsilon}_{ij} = 0 \qquad (2\text{-}23)$$

实际上由于寻求既要满足边界速度条件又满足体积不变条件的速度场是很难的，而仅满足边界条件的速度场则很容易找到。因此，可以通过某种途径把体积不可压缩条件引入原泛函，构造一个新泛函，再对这个新泛函变分，以求取问题的解，这一过程称为不完全广义变分原理。

处理体积不变条件通常有两种方法：拉格朗日乘子法、罚函数法。

拉格朗日乘子法引入了丁拉格朗日乘子 λ，构造的新泛函如下：

$$\prod_1 = \int_V \bar{\sigma}\dot{\bar{\varepsilon}}\mathrm{d}V + \int_V \lambda\dot{\varepsilon}_v\mathrm{d}V + \int_{S_p} p_i v_i\mathrm{d}S \qquad (2\text{-}24)$$

再对新泛函变分求解。拉格朗日乘子法的优点是收敛的稳定性较好，对初始速度场要求不高。同时还可以证明拉格朗日乘子 λ 具有明确的物理意义。当速度场收敛时 λ 即为静水压力。但是这种方法在求解时增加方程中的未知量，使方程数目增多，从而增加了存储空间和计算时间。

罚函数法是用一个足够大的正数 α 作为惩罚因子（α 一般为 $1.4\sim1.6$）乘以体积应变速率的平方构造一个新泛函：

$$\prod_2 = \int_V \bar{\sigma}\dot{\bar{\varepsilon}}\mathrm{d}V + \frac{\alpha}{2}\int_V \dot{\varepsilon}_v^2\mathrm{d}V - \int_{S_p} p_i v_i\mathrm{d}S \qquad (2\text{-}25)$$

这里的罚函数法源于最优化原理中的罚函数法，具有数值解法特征。它的作用原理是，当速度场远离真实解时，惩罚项值很大，使问题得不到要求的解；当速度场接近真实值时，体积应变速率接近于零，惩罚项接近于零，则惩罚项的作用逐渐消失。罚函数法具有收敛速度快的特点，但是其值不可以取太大，否则会导致病态方程组。

2.4　有限元模拟中的几个问题的处理

2.4.1　有限元软件介绍

1. ABAQUS

本书缩口成形过程仿真模拟所用的软件为 ABAQUS。ABAQUS 是功能强大的通用有限元软件,其解决问题的范围从相对简单的线性分析到许多复杂的非线性问题[116],被认为是功能最强的非线性 CAE 软件之一。该软件采用弹塑性材料模型及动力显式有限元方法,可进行薄板管成形模拟,分析材料流动规律,预测成形过程中的破裂、失稳、回弹等缺陷,具有较高的数值模拟精度和比较快的计算速度,可以快速地优化工艺参数和改进工艺方案。其仿真的 9 个步骤如图 2-1 流程图所示。

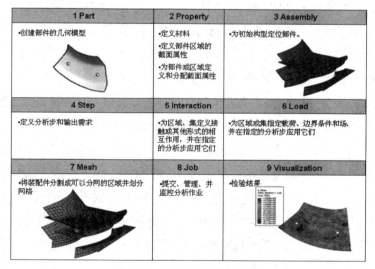

图 2-1　ABAQUS 仿真流程

Fig. 2-1　The flow chart of ABAQUS

2. Deform

Deform 系列软件是基于工艺过程模拟的有限元系统 (FEM)，可用于分析各种塑性体积成形过程中的金属流动以及应变应力温度等物理场量的分布，提供材料流动、模具充填、成形载荷、模具应力、纤维流向、缺陷形成、韧性破裂和金属微结构等信息，并提供模具仿真及其他相关的工艺分析数据。

Deform-3D 有一个较完整的 CAE 集成环境，具有强大而灵活的图形界面，使用户能有效地进行前后处理。在前处理中，模具与坯料几何信息可由其他 CAD 软件生成的 STL 或 SLA 格式的文件输入，并提供了 3D 几何操纵修正工具，方便几何模型的建立；网格生成器可自动对成形工件进行有限元网格的划分和变形过程中的重新划分，并自动生成边界条件，确保数据准备快速可靠；Deform-3D 的材料数据库提供了 146 种材料的宝贵数据，材料模型有弹性、刚塑性、热弹塑性、热刚粘塑性、粉末材料、刚性材料，为不同材料的成形仿真提供有力的保障。也可以根据用户提供的试验曲线及数据，软件系统自动进行拟合并转化成仿真所需的模型和参数。另外，Deform-3D 软件还提供了多种材料断裂准则，可以模拟多种条件下的材料断裂情况。Deform-3D 还集成了典型的成形设备模型，包括液压压力机、锤锻机、螺旋压力机、机械压力机和用户自定义类型（如表面压力边界条件处理功能解决胀压成形工艺模拟）等，帮助用户处理各种不同的工艺条件。

Deform-3D 的求解器是集成弹性、弹塑性、刚（粘）塑性和热传导等于一体的有限元求解器。可进行冷、温、热锻的成形和热传导耦合分析；其典型应用包括锻造、挤压、镦头、轧制、自由锻、弯曲和其他成形工艺的模拟；基于损伤因子的裂纹萌生及扩展模型可以分析剪切、冲裁和机加工过程；其单步模具应力分析方便快捷，可实现多个变形体、组合模具、带有预应力环时的成形过程分析。Deform-3D 的求解器无缝集成了在任何必要时能够自行触发的网格重划生成器，对网格系统进行优化，降低求解模型的规模,同时可以在变形体网格畸变严重时自动生成新的有限元网格,无须人为干涉即可继续求解。Deform-3D 提供了有效的后处理工具,让用户能对有限元计算结果进行详细分析。在后处理中,具有网格变形跟踪和点迹示踪、等值线图、云图、矢量图、力—行程曲线等多种功能;且具有 2D 切片功能,可以显示工件或模具剖面结果;后处理还能以包括图形、原始数据、硬拷贝和动画等多种方式输出结果[117]。

本章采用了商用有限元模拟软件 Deform-3D 对反挤压成形进行了有限元模拟研究。Deform-3D 软件系统的计算鲁棒性好,而且具有强大而完善的网格自动再划分技术,该技术解决了复杂大变形问题难以进行有限元模拟的难题。

2.4.2 数值模拟中的几个关键问题

1. 多工序连续成形技术

大锥度铝罐成形过程包括圆弧缩口成形、锥肩滚压成形两个工步的多道次工序。由于材料较薄,缩口成形工步又需要多道工序完成;同时各工序成形件均为下一工序的毛坯,每一工序均需继承上一工序的状态,包括几何形状、应力及应变。采用 ABAQUS 软件的多步成形技术,实现零件的连续成形,保证每一工序变形状态的继承,同时便于修改模拟参数进行不同工艺参数的模拟研究,以确保有限元数值模拟的有效性及其对实践的指导作用。

有限元模拟软件 ABAQUS 的多步分析技术,可以控制将分析数据集读和写到再启动文件,以保证下一步模拟能够继承前一阶段的全部信息。该功能位于在分析模块 Step 中的 predefined field 选项内,通过写入上一分析步的结果可以实现对模拟分析数据再启动文件的读、写或者同时读写的功能,并可以根据自身需要定义模拟分析数据的保存点及步数,以建立重启动点。此外,重启动功能不仅可以继承之前的数值模拟结果,而且还允许在其基础上设置模具新的运动轨迹,建立新的模拟任务,因此可以利用重启动功能,在计算中赋予不同条件,得到不同结果。

2. 自适应加密网格

有限元网格划分是有限元模拟前处理中的一步重要工作,网格划分的质量优劣对整个有限元计算结果产生相当大的影响,不同的网格划分有着不同的计算时间复杂度和计算精度。本文采用的有限元软件 Deform-3D 中提供了四面体网格,但是相对于六面体网格,其精度和模拟结果的视觉效果上都很逊色。

本书中的反挤压成形是大变形,大位移。金属在受挤压变形过程中,变形量很大,等效应变值在某些时候甚至超过 3。除材料内部变形较大外,变形材料与模具边界处于动态接触和脱离的变化过程中,材料边界形状变化也非常大。毛坯的初始网格会在凸模下行的过程中产生严重的畸变,甚至出现单元重叠交错,造成计算精度下降,甚至导致不收敛而退出。因此对于这类大变形的金属塑性成形,必须进行不断的重新定义网格,即网格重划分,不然受到畸变的网格难以真实反应塑性变形区的真实情况。它包括三大内容:网格重划分的判断标准,有限元网格重划分,新旧网格状态变量的传递。在传递这些信息时,应先将旧网格系统中的有效应变场变量插值到结点上,然后再将这些信息插值到新划分的网格系统上。本文采用整体网格重划分,可避免过密的网格划分可能造成的计算冗余,也可避免因网格过疏无法精确描述单元变形的空间变化。

2.5 动力显式有限元模拟
(AQAQUS/Explict)计算实例

本节利用 AQAQUS/Explict 对铝罐多道次缩口成形进行有限元模拟分析,以验证该算法对薄壁筒形件缩口计算的有效性。

因后面的研究内容多次利用该计算方法进行缩口成形研究,本例只为了说明该计算方法的有效性,故选取的计算模型比较简单。

模拟计算中毛坯为本课题研究的纯铝反挤压深筒形件,对其口部进行缩口变形,挤压后铝筒直径为 38mm,缩口后直径为 35mm,模拟后铝筒变形区域的应力分布、应变分布及厚度分布如图 2-2。

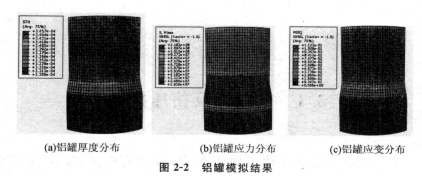

(a)铝罐厚度分布　　　　(b)铝罐应力分布　　　　(c)铝罐应变分布

图 2-2　铝罐模拟结果

Fig. 2-2　The simulation result of aluminum can

由模拟结果可以看出,缩口后罐壁厚度随口部直径减小[图2-2(a)],厚度增大,符合缩口变形材料的流动规律;应力分布在变形区应力最大,已变形区有少量的残余应力,未变形区没有应力[图 2-2(b)]。在未变形区应变为零,变形区应变随直径变化增大,已变形区应变最大[图 2-2(c)],与解析法计算结果吻合。

2.6　本章小结

(1)结合大锥度铝罐成形问题的特殊性,给出了薄壁筒形件缩口成形问题的动力显式有限元方法的基本方程、过程求解及关键问题的处理方法,为系统全面分析缩口成形问题打下了理论基础;对反挤压数值模拟中所使用的刚塑性有限元数值模拟技术进行了介绍,对刚塑性有限元计算中的变分原理、网格划分及重划分技术等关键技术进行了深入探讨。

(2)选定了 ABAQUS 和 Deform 有限元分析软件作为平台,借助这些软件平台,开展管坯反挤压成形模拟和圆弧缩口部分和锥肩滚压成形问题的数值分析研究。

第3章 变壁厚反挤压模面优选

3.1 变壁厚反挤压技术

目前世界上制造单片铝质气雾罐,多为直壁罐,要实现成本的大幅度节约,变壁罐是必然趋势,现在只有少数国家的个别厂商通过增加一道拉伸工序的方法生产变壁罐,其制造工艺流程如下:铝圆片润滑→冷挤压成型→拉伸变壁→修边/刷光→清洗/烘干→内喷涂/烘干→涂底色/烘干→彩印/烘干→上光/烘干→收颈。该生产工艺比普通单片铝质气雾罐多了一道拉伸变壁工序,执行这道工序的全自动设备只有进口欧洲的,价格昂贵,且现有的自动生产线增加该工序设备的改造相当困难且时间长,并且中间拉伸工序在全自动生产线的技术还不是完全成熟,经常卡罐,所以该技术应用不广。

为了解决国内在该项技术上的突破,本章开发出改变铝筒壁厚的技术和方法,并通过 CAE 技术对成形工艺进行数值模拟。设计思路描述如下:

由于单片铝质气雾罐的冷挤压工序是属反挤压工艺,罐壁由凸模与凹模之间反向流出,参见图 1-8(b),凸模与凹模工作带之间的间隙决定了罐壁的厚度,如果把凸凹模工作带之间的间隙设计为变化的,便可加工出变壁罐。气雾罐的罐底厚度为了保证变形压力和爆破压力不可改动,罐口部分由于要保证收颈及卷边的质量也不可改变,而罐身直壁部位可在保证爆破压力的情况下适当减薄,设计直径变化的凹模与凸模配合使用,使罐壁首先流出的罐口部分达到标准厚度,其后流出的罐身部位达到要求的变壁厚度,图 3-1 为变壁厚凹模型腔示意图,其中变壁型腔轴向(C_1C_2)长度为 L。

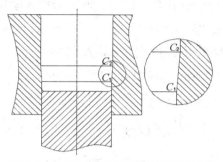

图 3-1　变壁厚反挤压凹模结构示意图

Fig. 3-1　Schetch of variable thickness backward extrusion die

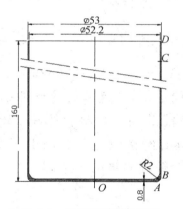

图 3-2　反挤压铝罐示意图

Fig. 3-2　Schetch of aluminum can backward extrusion

图 3-2 为铝罐反挤压件,经过一次反挤压成型后的等壁厚罐尺寸:

外径 $D_1=53\text{mm}$;内径 $D_2=52.2\text{mm}$;高 $H=160\text{mm}$;底部厚度 $t_1=0.8\text{mm}$;筒壁均匀壁厚 $t_2=0.4\text{mm}$,分割成底部和壁部两部分计算其体积:

底部体积:$V_p^1=\dfrac{1}{4}\pi D_1^2 t_1=\dfrac{1}{4}\times 3.14\times 53^2\times 0.8=1\,765\text{mm}^3$

壁部体积：$V_p^2 = \frac{1}{4}\pi(D_1^2 - D_2^2)(H - t_1) = 10523\text{mm}^3$

计算坯料总体积：$V_p = V_p^1 + V_p^2 = 12288\text{mm}^3$

变壁厚深筒形件经过一次反挤压期望得到的尺寸：

内径 $D_2 = 52.2\text{mm}$；高 $H = 160\text{mm}$；底部厚度 $t_1 = 0.8\text{mm}$；筒壁口部 CD 部分壁厚为 $t_2' = 0.4 \pm 0.01\text{mm}$，即 CD 处外径 $D_1' = 53\text{mm}$。筒壁壁身处 BC 部分壁厚为 $t_2'' = 0.32 \pm 0.01\text{mm}$，即 BC 处外径 $D_2'' = 52.84\text{mm}$。其中，$CD = 35\text{mm}$，$AC = 125\text{mm}$。

分割成底部、BC、CD 三部分计算其体积：

底部体积：$V_p^1 = \frac{1}{4}\pi(D_1'')^2 t_1 = \frac{1}{4} \times 3.14 \times 52.84^2 \times 0.8 = 1754.3\text{mm}^3$

BC 部体积：$V_p^2 = \frac{1}{4}\pi[(D_1'')^2 - D_2^2](125 - 0.8) = 6557.6\text{mm}^3$

CD 部体积：$V_p^3 = \frac{1}{4}\pi[(D_1')^2 - D_2^2] \times 35 = 2313.5\text{mm}^3$

其总体积：$V_p = V_p^1 + V_p^2 + V_p^3 = 10625.4\text{mm}^3$

相比等壁厚深筒形件，变壁厚深筒形件如若研发成功并投入生产，则一个制件就能节约铝片材料体积 1663mm^3，节约原材料的 14%，可见非常具有经济效益。在该工艺实现过程中，凹模型面过渡曲线是影响变壁罐质量的关键因素。

3.2　反挤压凹模的型面对变壁成形的影响概述

在构成反挤压模具的全部零件中，凹模是和毛坯接触、直接参与变形过程、执行成形加工的最重要的工作零件。反挤压时，在静态高压、强烈冲击和巨大摩擦作用下，凹模应力是一个复杂的抗张、抗压和剪切的联合应力，其工作条件十分恶劣。因此，正确合理设计凹模型面才能满足外壳零件的技术要求。由于本文主要是开发出改变铝筒壁厚的技术和方法，故本章的重点在于讨论凹模成形部分的模具型面和结构,而对于凹模其他部位的设计,材料选择,装配方式不予讨论。

由图3-1等壁厚反挤压工作过程示意图可以看出:制件壁厚由凸模工作带和与之相对应的凹模壁部位对坯料挤压生成的,故可以通过改变凹模壁的形状来设计变壁厚的凹模结构。

挤压模具的型腔形状在成形过程中至关重要,其与工件的变形程度、变形速度、塑变区的应力状态等密切相关,对成形件质量、挤压能耗和模具寿命等有十分重要的影响。最佳的挤压模具型腔轮廓应同时满足有利于获得更接近的工件形状和提高模具使用寿命两个要求。因此,为改善变形金属的流动状况,提高铝型材的挤压质量,降低挤压力,需在凹模直径改变型腔处建立一合理的过渡曲面。

3.3　变壁型腔处挤压凹模型腔曲线数学描述

挤压成形中,常用的凹模型腔曲线有四种典型形状[118],即阶梯型、直线型、余弦曲线型和椭圆曲线型,本书中,选择阶梯型、直线型、余弦曲线型和椭圆曲线型作为凹模型腔变壁处形状曲线。除阶梯型外其余三种曲线如图3-3所示。

根据几何学特征,得到四种型腔曲线的方程如下:

(1)阶梯型,直接连接变壁处两端点。

(2)直线型,其曲线方程为:

$$R(z) = R_0 - \frac{R_0 - R_1}{L}z = 26.5 + \frac{0.08}{L}z, 0 < z < 1 \quad (3\text{-}1)$$

(3)余弦曲线凹模,其曲线方程为:

$$R(z) = \frac{R_0 + R_1}{2} + \frac{R_0 - R_1}{2}\cos\frac{z}{L}\pi, 0 < z < 1 \quad (3\text{-}2)$$

$$= 26.46 + 0.04\cos\frac{z}{L}\pi$$

（4）椭圆曲线凹模，其曲线方程为：

$$R(z) = \sqrt{R_0^2 - (R_0^2 - R_1^2)(\frac{z}{L})^2} \quad ,0<z<1 \quad (3-3)$$

$$= \sqrt{26.5^2 - 4.23(\frac{z}{L})^2}$$

其中，R_0、R_1 分别为筒壁变壁厚前、后外半径；z 为变壁厚区域轴向长度变量；L 为变壁厚区域的轴向长度；R 为变壁厚区域筒壁外径随 z 的变量。

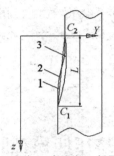

1.直线 2.余弦线 3.椭圆线

图 3-3　变壁处三种不同形状型腔曲线

Fig. 3-3　Three different cavity curves at changed wall

3.4　型腔曲线优选模拟分析

铝型材反挤压成形属于三维体积非稳态变形过程。在变形过程中，既存在几何非线性，又伴有材料和边界非线性，变形机制非常复杂。为了比较几种凹模型面对变壁的影响，本节根据 Deform 软件强大的挤压模拟分析功能，对变壁厚反挤压成形进行模拟，根据模拟结果中出现的问题，分析其原因，并修正模型，进行下一步凹模变壁处型腔曲线优选。

3.4.1　模拟参数

先在 Pro/E 中建立毛坯、凸模、凹模的三维模型，分别导出为

Deform-3D 可以识别的标准 STL 格式文件。模型中具体尺寸及工艺参数的设置见表 3-1。其中坯料采用刚塑性模型,材料为工业纯铝。为了节约计算时间,特简化模型为 1/16 圆周,划分 10 万个网格,最小网格尺寸为 0.155mm,采用系统的自动重划分方法,有限元模型如图 3-4 所示。

表 3-1 模型重要部位尺寸及各项参数

Table 3-1 Sizes and parameters of the model

参数名称	参数数值	参数名称	参数数值
坯料直径(mm)	52.8	凹模底部型腔内径 D	52.84
坯料高度(mm)	5.3	C_1 点与凹模底面的距离 h	6.5
坯坯料温度(℃)	20	型腔变壁处长度 L(mm)	1
凸模外径 d_1(mm)	52.2	挤压速度(mm/s)	5
工作带高度 h(mm)	1	摩擦因子	0.12

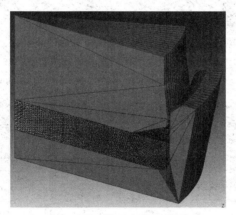

图 3-4 反挤压有限元模型

Fig. 3-4 Finite element model of backward extrusion

3.4.2 模拟结果

本模型所设计的凹模型腔在壁部 C_1 点到 C_2 点处直径有改变,见图 3-3 所示。为了反映在型腔各个部分时金属流动差异,故可把反挤压成形分为凹模上部直壁型腔处成形,凹模变壁型腔处成形及凹模底部直壁型腔处成形三个阶段。图 3-5 为变壁深筒形件反挤压成形过程,图 3-6 为每个分析步成形时,坯料对应于凸凹模之间的位置,该图很好地说明了在凹模型腔各部分时,金属的流动情况。

图 3-5(a)为 Step18,金属受凸模下行挤压力挤压,开始经凸凹模间隙反向流动。

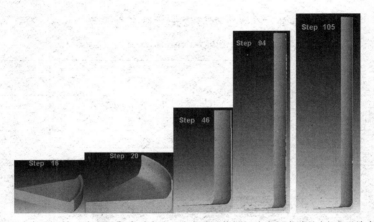

(a)变形开始 (b)上部直壁型腔处 (c)变壁处偏摆 (d)底部直壁处(e)成形结束

图 3-5 变壁厚深筒形件反挤压成形过程

Fig. 3-5 Backward extrusion process of changed thickness tube

(a)变 形 开 始 (b)上 部 直 壁 型 腔 处 (c)变壁处偏摆

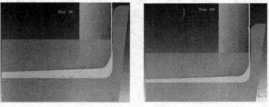

(d)底 部 直 壁 处 (e)成 形 结 束

图 3-6 凸凹模对应位置

Fig. 3-6 The corresponding position of punch and die

图 3-5（b）为 Step26，金属在凹模型腔上部直壁处被挤出成型，不发生偏摆。此时被挤出的厚度是 0.4mm。

图 3-5（c）为 Step46，金属在凹模型腔中部直线变壁处被挤出成型，发生严重偏摆。由于此时是过渡面，被挤出的制件厚度从 0.40mm 向 0.32mm 过渡。

图 3-5（d）为 Step94，金属在凹模型腔下部直壁处被挤出后，直接做刚体上移，不发生偏摆。此时被挤出件的壁厚为 0.32mm。

图 3-5（e）为成形结束，反挤压件被制取，成功实现反挤压件的变壁厚。

3.4.3　变壁反挤压过程中偏摆研究

本文所设计的凹模型腔在 C_1 点到 C_2 点处直径改变，见图 3-7 所示。图 3-7(a) 中，反挤压时，凸模下行，对变形金属产生挤压力，促使变形金属流经凸模工作带与变壁型腔壁部而上行，这时 C_1C_2 段会对金属产生一个法向力，分解成轴向和径向分力，轴向分力促使金属垂直向上移动，径向分力促使金属向凸模退让槽偏移，引起偏摆，同时，由于该部分凹模壁为变化的，变形后的筒壁没有导向，也是产生偏摆的重要原因，偏摆极大影响制件的质量和后期的工序。图 3-7（b）为变壁结束后的罐底部的反挤压成形部分，该部分成形后罐壁有导向，不存在偏摆。

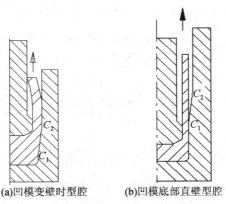

(a)凹模变壁时型腔　　　(b)凹模底部直壁型腔

图 3-7　坯料在凹模型腔轴向不同位置的变形

Fig. 3-7　The blank deformation at different positions of die cavity

　　图 3-8 为本次模拟过程中金属在变壁型腔处出现的偏摆情况，从 Step39 到 Step43 中，由于在变壁型腔处，金属受挤上移时，不能与凹模直壁型腔接触，因此缺乏导向作用，加之变壁段对金属的作用力，引起了不可避免的偏摆。由图可以看到在变壁处，金属流动出现的左右偏摆一直持续着。所以在设计变壁型腔形状和尺寸时，过渡面的形状十分重要。

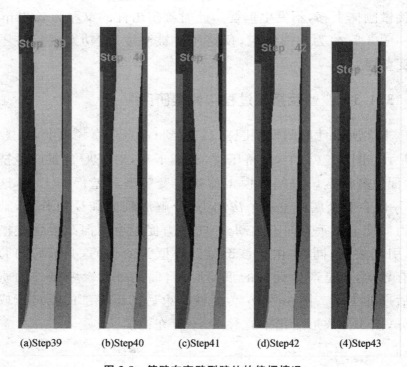

(a)Step39　　(b)Step40　　(c)Step41　　(d)Step42　　(4)Step43

图 3-8　简壁在变壁型腔处的偏摆情况

Fig. 3-8　The swing situation of tube wall at changed die cavity

3.5　凹模变壁处型腔曲线优选模拟

　　本节讨论阶梯型、直线型、余弦线型、圆弧线型四种过渡型面对铝罐壁成形质量的影响程度，确立优选的过渡曲面。以凹模变壁处型腔形状为研究对象，构建不同的凹模变壁型腔模型进行 Deform 模拟，分析各种不同形状对变形金属流动性、应力场和反挤压制件壁厚质量的影响,根据模拟结果,对变壁处型腔进行优选,确定最优的一种曲线型腔,作为凹模的型腔模型。

3.5.1　不同型腔对挤压成形载荷的影响

图 3-9 为坯料在四种曲线型腔模具下的压力行程曲线。从图中可以看出,四条曲线总体都先上升,最后保持平稳,反映了反挤压过程的前两个阶段。从挤压力的大小上看,直线型为 1.597×10^6N、余弦线型为 1.515×10^6N、椭圆线型为 1.487×10^6N,相差不大,而椭圆线型最小。究其原因是凹模型腔变壁处轴向距离只有 1mm,径向距离只有 0.08mm,不同型腔曲线对挤压力的影响差异相对较小。从挤压力曲线的形态上看,对应的挤压力在上升阶段的趋势较为一致,而阶梯型腔对应的挤压力上升缓慢,也是最后进入稳定阶段。

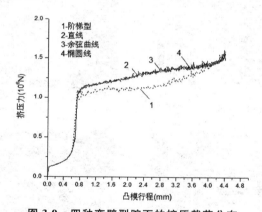

图 3-9　四种变壁型腔下的挤压载苛分布

Fig. 3-9　The load distribution of four kinds of die cavity

3.5.2　不同型腔对金属流动性的影响分析

本节将分析四种曲线形状变壁型腔对应的 Deform 模拟中的金属流动情况、流动速度分布情况。图 3-10 至图 3-13 分别为在四种曲线形状变壁型腔挤压中,从凸模下行,引起筒壁开始脱离变壁处凹模壁时开始,对应的材料在凸凹模间的流动情况示意图。

图 3-10 为阶梯型变壁型腔中,纯铝受挤压而在凸凹模间隙中流动时,直接避开了阶梯,在阶梯型左端点处受阻挡流出,直接向上与工作带部分及凹模壁接触,导致挤压件在 19 工作步时与凸模工作带接触部分等效应力最大,第 20 工作步时在阶梯型左端点时等效应力最大,第 22 工作步继续上行时发生严重的偏摆等等。同时变形金属外壁受阶梯型变壁处的刮擦作用,产生内陷,变形不均匀,甚至发生刮伤、刮裂的现象,极大地影响了制件外壁部的光洁度和质量。由于凸模进入下部型腔过程中,缺乏很好的间隙过渡,极大影响制件的质量,故这种形状的变壁型腔不可取。

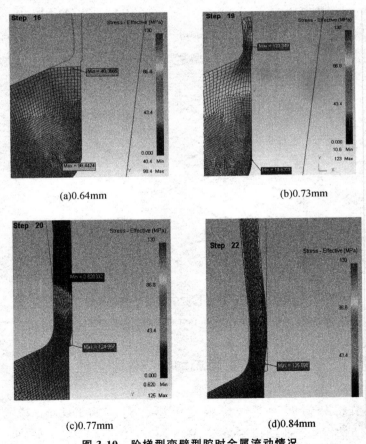

(a)0.64mm (b)0.73mm

(c)0.77mm (d)0.84mm

图 3-10　阶梯型变壁型腔时金属流动情况

Fig. 3-10　The metal flowing in ladder die cavity

　　图 3-11 中直线型变壁型腔时,变形金属在受挤压上行过程中,得到很好的过渡,没有出现在阶梯型变壁型腔中发生的应力集中和刮擦现象。当凸模下行 1.32mm 时,金属与凹模变壁型腔开始分离,接触区域可以看到开始出现了空隙,金属变形速度比较均匀,此时最大流动速度达到 34.4mm/s;当凸模下行 1.44mm 时,接触区域的空隙增大,金属与凹模变壁型腔的接触面积减小,变形金属与凹模上部均壁型腔接触而刚性平移的部分逐渐脱离凹模上部均壁型腔壁部,由于金属流出横截面积的减小,此时最大流动速度突增到 36.9mm/s;当凸模下行 1.54mm 时,变形金属与凹模变壁型腔的接触面积持续减少,与凹模上部型腔接触而刚性平移的部分完全脱离凹模型腔壁部,此时金属上行时缺乏直接导向,而且受到变壁处非轴向力作用,导致金属上行时会向凸模一侧偏移,此时最大流动速度达到 36.6mm/s;当凸模下行 1.65mm 时,接触面积继续减少,偏摆加剧,从变形速度等值线上可以看出,变形速度严重不均匀,此时最大流动速度达到 36.8mm/s;当凸模下行 1.76mm 时,接触面积继续减少,逐渐进入到凹模底部的均壁型腔,偏摆继续,从变形速度等值线上可以看出,变形速度趋于均匀,此时最大流动速度达到 36.3mm/s;当凸模下行 1.86mm 时,变形金属经由工作带与凹模底部的均壁型腔处流出,产生导向,偏摆现象逐渐消失,从变形速度等值线图可以看出,变形速度趋于均匀,由于变形金属流出部分横截面积减小且恒定,此时最大变形流动速度达到 38.7mm/s。

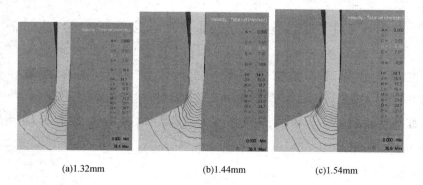

(a)1.32mm　　　　　　(b)1.44mm　　　　　　(c)1.54mm

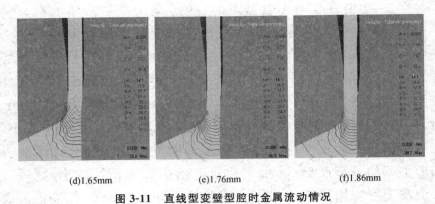

(d)1.65mm   (e)1.76mm   (f)1.86mm

图 3-11　直线型变壁型腔时金属流动情况

Fig. 3-11　The metal flowing in linear die cavity

图 3-12 中余弦线型变壁型腔时,变形金属在受挤压上行过程中,也没有出现在阶梯型变壁型腔中发生的应力集中和刮擦现象。当凸模下行 1.32mm 时,金属与凹模变壁型腔接触区域开始出现了空隙,金属变形速度相比直线型变壁型腔时更加均匀,此时最大流动速度达到 35.2mm/s;当凸模下行 1.44mm 时,接触区域的空隙增大,变形金属逐渐脱离凹模上部均壁型腔壁部,在靠近凹模变壁型腔部位,速度降低明显,此时最大流动速度突增到 36.6mm/s;当凸模下行 1.54mm 时,变形金属与凹模变壁型腔的接触面积持续减少,完全脱离凹模上部均壁型腔壁部,此时金属上行时产生偏摆且向凸模退让槽一侧偏移,此时最大流动速度达到 37.7mm/s;当凸模下行 1.65mm 时,接触面积继续减少,偏摆加剧,此时最大流动速度达到 36.8mm/s;当凸模下行 1.76mm 时,接触面积继续减少,逐渐进入到凹模底部的均壁型腔,偏摆继续,从变形速度等值线上可以看出,变形速度趋于均匀,此时最大流动速度达到 37.7mm/s;当凸模下行 1.86mm 时,变形金属经由工作带与凹模底部的均壁型腔作用流出,产生导向,偏摆现象逐渐消失,从变形速度等值线上可以看出,变形速度趋于均匀,由于变形金属流出部分横截面积减小且恒定,此时最大变形流动速度增大到 38.1mm/s。

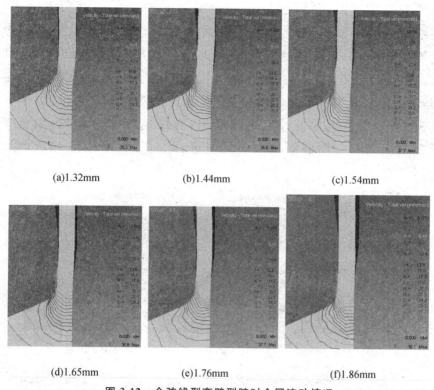

(a)1.32mm　　　　　(b)1.44mm　　　　　(c)1.54mm

(d)1.65mm　　　　　(e)1.76mm　　　　　(f)1.86mm

图 3-12　余弦线型变壁型腔时金属流动情况

Fig. 3-12　The metal flowing in cosine die cavity

图 3-13 中椭圆线型变壁型腔,变形金属在受挤压上行过程中,也没有出现在阶梯型变壁型腔中发生的应力集中和刮擦现象。当凸模下行 1.32mm 时,变形金属与凹模变壁型腔紧密接触,没有出现空隙,金属变形速度相比直线型变壁型腔时更加均匀,此时最大流动速度达到 34.1mm/s,;当凸模下行 1.44mm 时,变形金属与凹模变壁型腔仍然紧密接触,没有出现空隙,变形速度比较均匀,此时最大流动速度才 33.3mm/s;当凸模下行 1.54mm 时,变形金属与凹模变壁型腔仍然紧密接触,金属变形速度相比直线型和余弦线型变壁型腔时更加均匀,此时最大流动速度达到 34.2mm/s;当凸模下行 1.65mm 时,金属与凹模变壁型腔接触区域开始出现了空隙,接触面积继续减少,此时最大流动速度陡增到 36.8mm/s;当凸模下行 1.76mm 时,变形金属与凹模变

壁型腔的接触面积持续减少,完全脱离凹模上部均壁型腔壁部,逐渐进入到凹模底部的均壁型腔,此时金属产生偏摆且向凸模退让槽一侧偏移,从变形速度等值线上可以看出,变形速度均匀,此时最大流动速度达到 37.2mm/s;当凸模下行 1.86mm 时,变形金属经由工作带与凹模底部的均壁型腔作用流出,产生导向,偏摆消失,从变形速度等值线上可以看出,变形速度非常均匀,由于变形金属流出部分横截面积减小且恒定,此时最大变形流动速度增大到 37.6mm/s。

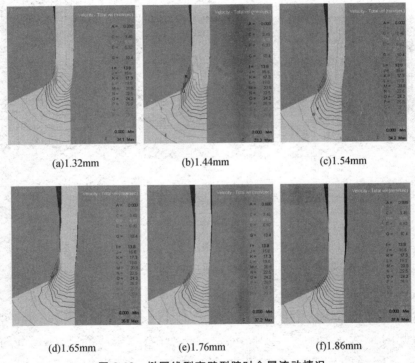

(a)1.32mm   (b)1.44mm   (c)1.54mm

(d)1.65mm   (e)1.76mm   (f)1.86mm

图 3-13   椭圆线型变壁型腔时金属流动情况
Fig. 3-13   The metal flowing in elliptic die cavity

从图 3-13 可以看出,由于凹模型腔变壁的原因,变形金属偏摆现象无法完全消除,只能尽量减小金属流经变壁型腔处向凸模侧的偏移量。综合直线型、余弦线型和椭圆线型变壁型腔,直线型和余弦线型在凸模下行 1.32mm 时开始脱离变壁型腔,之后迅速开始出现偏摆,引起制件壁部光滑度降低,壁厚不均匀,同时速度急剧加大,引起流动不均,会产生残余应力;而椭圆线型在凸模下行 1.65mm 时才开始脱离,缓慢产生偏摆,而偏摆的时间较短,且过程中不会出现速度不均匀,有利于对变壁件的质量控制。从金属等值线图上可以看出,椭圆线型沿挤压轴向上金属流速梯度变化缓慢均匀,且在流经变壁型腔时,最大流动速度都比直线型和余弦线型要小,有利于减小变形区内金属的不均匀变形,并降低变形后制件表面的残余应力。

3.5.3 不同型腔对应力场的影响分析

图 3-14 为在四种曲线型腔挤压过程中,变壁处坯料内部的应力分布情况。从图中可以看出,最大应力值都出现在曲线型腔出口与工作带的接合部位,最小应力值则分布在挤出出口部分。其中,阶梯型在四种曲线型腔对应的坯料应力极值中最大,同时,挤出部分应力分布极其不均,没有任何递增或递减的规律。直线型、余弦曲线和椭圆曲线型腔模具挤压过程的坯料所受应力,无论是数值还是分布情况都极为相似。其中直线型最大值约为 136MPa,余弦线型最大值约 145MPa,椭圆曲线型最大应力为 131MPa,且都分布均匀,接触部位应力值较大,越接近底部应力值越小。

综上所述,可以直接排除阶梯型变壁型腔曲线。在挤压过程中,就挤压力而言,虽然几种曲线变壁型腔对应的挤压力在上升阶段的趋势较为一致,但椭圆线型最小;就金属流动情况分析,椭圆线型长时间与凹模变壁型腔紧密接触,最后脱离凹模型腔,造成的偏移量最小,流动速度最均匀,最适宜对制件质量的控制,就应力场分析,坯料所受应力分布情况都极为相似,椭圆曲线型的最大应力为 131MPa,也是最小。所以综合考虑,最优的变壁型腔形状曲线为椭圆线性,故选择椭圆线性作为本研究的最优化变壁型腔曲线。

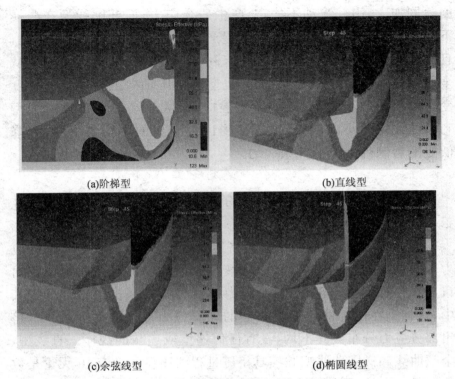

(a)阶梯型   (b)直线型

(c)余弦线型   (d)椭圆线型

图 3-14　坯料在四种变壁型腔下的应力分布图

Fig. 3-14　The stress distribution of blank in four kinds die cavity

3.6　变壁厚反挤压成形理论解析

　　从有限元模拟分析看出,椭圆线型面凹模有利于变壁厚反挤压成形,为进一步论证该结论,现从塑性成形理论对其进行分析,研究各种过渡型面下挤压力的大小。

　　在冷挤压中,挤压力并不是一个常数,而是随压力机的行程而变化,且显示出明显的阶段性,由图 3-15 可知,冷挤压力与行程的关系一般可以分为三个阶段[20]。

　　第一阶段,凸模下行,金属材料开始产生塑性变形,挤压力急剧增高。当反挤压达到 a 点时,挤压开始。在这一阶段中挤压力必须克服金属内部的变形阻力以及毛坯与模具间的摩擦力,使所有的金属晶格完全被压紧。对于反挤压,这一阶段是凸模接触金属开始,直至金属流入凸凹模间隙处为止。

第二阶段:凸模继续下行,迫使金属继续流动。在这一阶段中,只改变毛坯高度,塑性变形区高度不随时间而改变,挤压力也不随行程而变化,故称为稳定变形阶段。

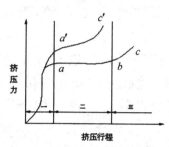

图 3-15　挤压力与行程的关系

Fig. 3-15　The relationship between extrusion pressure and stroke

第三阶段:当毛坯的剩余厚度小于稳定变形时的塑性变形区高度以后,凸模再向下运动时,挤压力又急剧上升,反挤压沿曲线 bc 上升。

图 3-15 中上面一条曲线为薄料反挤压的挤压力随行程的变化曲线,因毛坯较薄,挤压一开始,变形就遍及整个毛坯体积,没有稳定的变形区,因此挤压力随行程急剧增加。

由上述分析可知,挤压最好在第二阶段结束之前进行。如果第二阶段结束之后,仍继续挤压,挤压力就急剧增加,模具压力机就容易损坏。

如果第二阶段完毕就结束挤压,此时挤压余料厚度等于稳定变形区高度,如果第二阶段结束后仍继续挤压,但限制挤压力增高值不超出模具材料的许用单位挤压力,此时毛坯在非稳定下仍可继续变形,这样既可充分发挥模具材料的潜力,又可节省材料消耗,此时挤压余料厚度可小于稳定变形区高度。

3.6.1 主应力法计算单位挤压力

反挤压成形属于轴对称成形,利用主应力法可以对其进行数学求解。用主应力法计算挤压力是一种比较传统的计算方法。它是通过变形体的应力状态作一些简化假设,建立以主应力表示的平衡微分方程和屈服准则,然后联解,求得接触面的应力大小和分布。

计算反挤压的单位挤压力是以刚开始进入稳定变形时的单位挤压力,即以图 3-15 曲线上的 a 点的挤压力为依据。

刚开始进入稳定变形状态时的单位挤压力可以认为由两部分组成,如图 3-16 所示,一部分是迫使金属流入环状间隙所需的单位挤压力;另一部分是处于凸模下面,直径为 d_1,高度为塑性变形区 h 的圆柱形金属被镦粗所需的单位挤压力。因在几种型面的反挤压中,凸模形状一样,故镦粗所需的力相同。现重点讨论不同变壁过渡型面时迫使金属流入环状间隙所需的力。

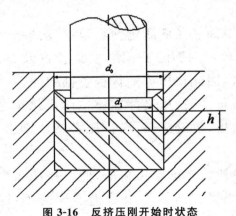

图 3-16 反挤压刚开始时状态

Fig. 3-16 The beginning of the state anti-extrusion

金属材料流入环状间隙所需的单位挤压力 p_1 计算公式为:

$$p_1 = \sigma_k \frac{d_0^2}{d_1^2} \ln \frac{d_0^2}{d_0^2 - d_1^2} \tag{3-4}$$

式中,σ_k 为金属材料的变形抗力,MP_a;d_0 为杯形件外径,mm;d_1

为杯形件内径,mm。

凸模下面受压缩的圆柱体所受的单位挤压力 p_2 计算公式:

$$p_2 = \sigma_k \left(1 + \frac{\mu_f}{3} \times \frac{d_1}{h}\right) \left(1 + \ln \frac{d_0^2}{d_0^2 - d_1^2}\right) \tag{3-5}$$

式中,μ_f 为接触面上的摩擦系数;h 为变形区高度。

取 $h = \dfrac{d_1}{3}$,代入公式得:

$$p_2 = \sigma_k (1 + \mu_f) \left(1 + \ln \frac{d_0^2}{d_0^2 - d_1^2}\right)$$

反挤压的单位挤压力为:

$$p_b = p_1 + p_2 = \sigma_k \left[\frac{d_0^2}{d_1^2} \ln \frac{d_0^2}{d_0^2 - d_1^2} + (1 + \mu_f)\left(1 + \ln \frac{d_0^2}{d_0^2 - d_1^2}\right)\right] \tag{3-6}$$

对于变壁挤压型腔,杯形件外径随型腔的改变而变化,在几种型面的反挤压中,凸模形状一样,故镦粗所需的力相同。反挤压单位挤压力随不同变壁过渡型面迫使金属流入环状间隙的单位力不同而改变。

3.6.2　不同变壁过渡模面时凸模上的平均挤压力

对于不同的过渡曲线,在变壁型腔处凹模的半径 d_0 不同,如式(3-1)、式(3-2)、式(3-3)所示,变壁反挤压过程中凸模单位面积上所受的平均挤压力随着凹模半径的变化而改变,现将不同的凹模变壁公式(3-1)、式(3-2)、式(3-3)分别代入式(3-6),用MATLB 比较几种曲线情况下单位面积上挤压力的大小。

由前面的数值模拟知,阶梯型过渡型面容易造成应力集中,不予考虑,讨论另外三种模面直线型、余弦曲线型、椭圆曲线三种过渡型面下挤压力的变化曲线。

在计算中,取过渡区域长度 0.5mm,变壁前直径 26.42mm,变壁后直径 26.5mm,凸模半径 26.1mm,将式(3-1)、式(3-2)、式(3-3)分别与式(3-5)联立,计算结果如图 3-17 所示。

图 3-17 中 1、2、3 分别代表直线型、余弦曲线、椭圆曲线过渡

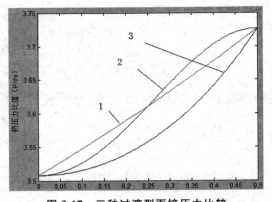

图 3-17 三种过渡型面挤压力比较

Fig. 3-17 Extrusion pressure comparison of three types die cavity

型面挤压力分布,可以看出椭圆曲线过渡曲面挤压力比值始终低于另外两种型面曲线,从理论上证明了该种过渡曲面的优越性。

3.7 工艺参数对反挤压成形的影响

本文研究的变壁厚深筒形件反挤压,坯料是工业纯铝 1100,影响型材挤压成形的因素有很多,材料自身的性质、型材的形状尺寸、工模具的结构与形状、工模具与铸锭的加热温度、挤压速度等参数,每一个或几个的改变都会对成形产生很大影响。其中涉及的工艺参数主要包括挤压温度(室温)、挤压速度及润滑条件等方面,其选取范围取决于挤压设备能力、挤压方法、铝合金种类、制品质量规格等因素。

根据挤压成形时工艺参数对成形的影响程度,本节将分析凸模工作带长度、凸凹模之间摩擦因子、凸模的挤压速度、型腔变壁处的长度四种工艺参数对变壁厚深筒形件反挤压成形的影响。主要从挤压力和筒口部内移量两个指标来分析,最终确定一组最优的工艺参数组合,作为最终生产的参考。

在反挤压中,由于挤压应力很大,模具易损坏,因此挤压力的大小至关重要。在同等条件下,应优先选择挤压力较小的工艺参数组合。

　　由于本文研究的是壁厚为 0.32～0.4mm 的深筒形件,高度约为 100～160mm,口部微小的偏移,肉眼根本看不出,需要利用软件中的点跟踪功能来进行测量和分析。口部的偏移量越小,挤压件表面质量越好,对后期缩口工艺的顺利进行起到关键作用。本章研究口部偏移量的方法是根据软件自身的点追踪功能,检测口部与底部的点坐标对比来计算偏移量(图 3-18)。

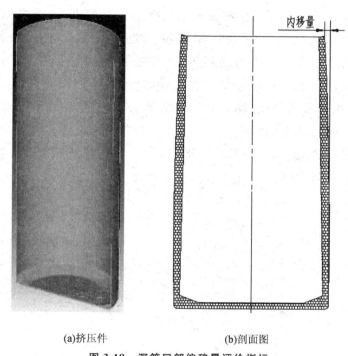

(a)挤压件　　　　　　　　(b)剖面图

图 3-18　深筒口部偏移量评价指标

Fig. 3-18　The evaluation of deep tube mouth offset

3.7.1　凸模工作带长度的影响

　　凸模工作带,是凸模中垂直模具工作端面并用以保证挤压制品的形状、尺寸和表面质量的区段。工作带长度 h 是凸模设计中的重要基本参数之一。h 过长时,凸模与金属的摩擦作用增大,导致两者发生粘结,同时使挤压力增大,造成制品的表面出现划伤、毛刺、麻面、搓衣板型波浪等缺陷。h 过短时，制品尺寸难以稳定，易产生波纹、压痕压伤、椭圆度等废品，同时，模具易受磨损，其使用寿命被大大降低。

在实际生产中，挤压工业纯铝时，一般取工作带长度 $h=0.5\sim$ 1.5mm。本模拟试验采用的摩擦因子为 0.1，挤压速度为 5mm/s，变壁处型腔长度为 1mm，工作带长度分别选取 0.6mm、0.8mm、1mm、1.2mm。

试验结果如图 3-19 和图 3-20 所示。从模拟结果可以看出，凸模工作带长度对挤压力和偏移量都是正比例影响。随着凸模工作带长度的增加，其与被挤压金属之间的接触面积增加，摩擦损耗增大，从而挤压力增大。而在保证金属顺利反挤压成形的前提下，工作带长度的增加，对本文所研究的变壁厚深筒形件的壁厚质量控制没有帮助，只会引起摩擦力的增大，热效应而引起壁部两侧流动速度不均，口部偏移量加大。根据模拟结果，较适宜的工作带长度为 0.6mm。

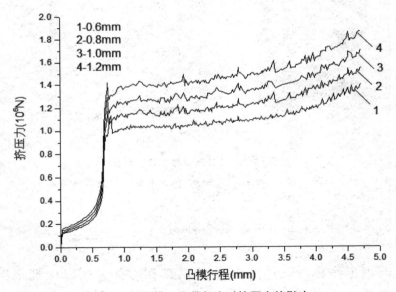

图 3-19　凸模工作带长度对挤压力的影响

Fig. 3-19　The influence of working punch length to extrusion force

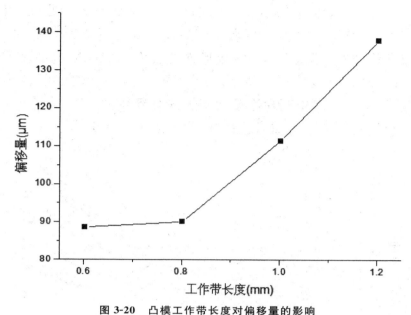

图 3-20　凸模工作带长度对偏移量的影响

Fig. 3-20　The influence of working punch length to offset

3.7.2　摩擦因子的影响

反挤压加工时,变形金属与模具之间存在接触摩擦力,其中以凸模工作带和与之对应的凹模型腔壁部对挤压筒壁上的摩擦力对金属流动的影响最大。而若摩擦力很大,则筒壁两侧受拉,中间部位金属受整体牵连力,金属流动很不均匀,致使坯料外层金属流动具有滞后性,形成附加应力。

结合本例实际情况,摩擦因子取值范围设定为 0.1～0.5。本模拟试验采用工作带长度为 0.6mm,挤压速度为 5mm/s,变壁处型腔长度为 1mm,摩擦因子分别选取 0.1、0.2、0.3、0.4。

计算结果如图 3-21 和图 3-22 所示。从模拟结果可以看出,随着摩擦因子由 0.1 增至 0.4,挤压力也随着从 1404KN 急剧增大到 2512KN,偏移量从 $88\mu m$ 急剧增大到 $110\mu m$。而且在不同的摩擦条件下,挤压力的增长幅度不同。总的来看,摩擦因子越大,其增长的幅度也越大。众所周知,摩擦消耗能量,摩擦因子越大,消耗的能量也越大,成形所需的挤压力必然越大。此外,当摩擦因子增大时,坯料中心与表层金属流动速度差增加,从而使金属流动均匀性下降,严重影响成形件的表面和壁厚的质量。为使挤压时金属流动均匀,提高制品表面质量,在挤压时必须减小摩擦因子,本研究对铝圆片涂覆硬脂酸锌润滑剂。

根据模拟结果可知,较适宜的摩擦因子为 0.1。

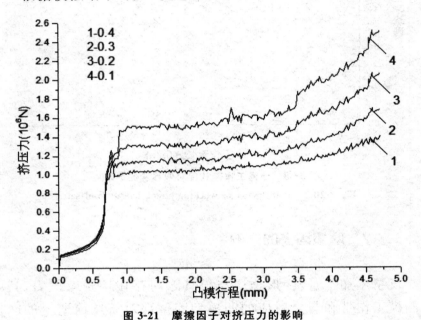

图 3-21　摩擦因子对挤压力的影响

Fig. 3-21　The influence of friction factor to extrusion force

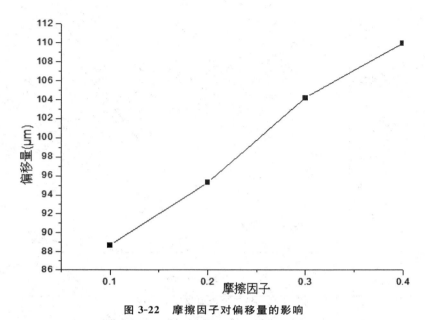

图 3-22　摩擦因子对偏移量的影响

Fig. 3-22　The influence of friction factor to offset

3.7.3　挤压速度的影响

挤压速度是影响生产效率的主要因素，同时对产品质量也有一定的影响，如产品表面质量及产品尺寸精度等。

由于本例中，挤压时坯料温度为 20℃左右，制品深筒形件，比较简单。凹模型腔为椭圆形。根据查找相关文献，以及工厂的生产实例，挤压速度取值范围设定为 5～20mm/s。本模拟试验采用的工作带长度为 0.6mm，型腔变壁处长度为 1mm；摩擦因子为 0.1；挤压速度分别选取 5mm/s、8mm/s、12mm/s、15mm/s。

计算结果如图 3-23 和图 3-24 所示。从模拟结果可以看出，在纯铝反挤压成形过程中，挤压力随着挤压速度的增加而增加，这主要由于材料变形抗力增加所致。但是变形速度越大，热效应越显著，会使挤压毛坯的温度升高，将会影响成形件的表面质量。

制品会产生如下缺陷：挤压裂纹、挤压波浪、挤压麻面、产生缩尾。根据模拟结果可知，较适宜的挤压速度为 8mm/s。

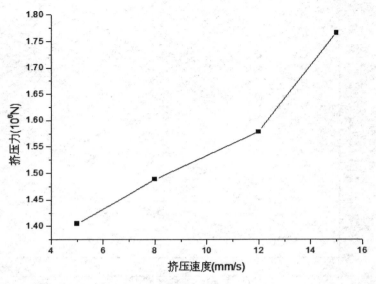

图 3-23　挤压速度对挤压力的影响

Fig. 3-23　The influence of extrusion speed to extrusion force

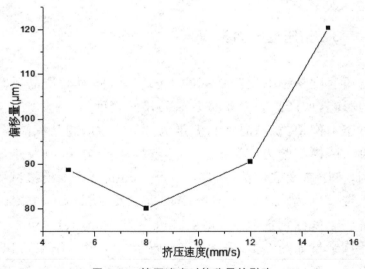

图 3-24　挤压速度对偏移量的影响

Fig. 3-24　The influence of extrusion speed to offset

3.7.4　变壁型腔长度的影响

本章研究的变壁处型腔的长度根据凹模型腔的尺寸以及所

需制取的深筒形件的长度来适当选取。所设计的凹模型腔总长度为 15mm,坯料的厚度为 5.3mm,凹模和凸模工作带合作参与挤压金属的长度为 4.5mm,考虑到深筒形件壁部为 0.4mm 壁厚的长度只有 35mm,而 0.32mm 壁厚的长度为 125mm,故变壁处型腔的最大长度取 1mm。本模拟试验采用的工作带长度为 0.6mm,摩擦因子为 0.1;挤压速度取 5mm/s;变壁处型腔长度分别选取 0.5mm、0.6mm、0.8mm、1mm。

　　计算结果如图 3-25 和 3-26 所示。从模拟结果可以看出,随着变壁处型腔的长度增大,挤压力和偏移量随着增大。这是由于变壁处型腔长度愈长,接触面积愈大,增加摩擦损耗而引起挤压力增大。而若变壁处型腔长度愈短,0.4mm 和 0.32mm 壁厚的过渡部分就愈少,就愈节省坯料。在同等情况下,变壁型腔轴向长度越短,在稳定变形时由已成形部分牵拉后面部分的成形过程时间越短,从而可能引起的壁部偏移量就越小。

　　根据模拟结果可知,较适宜的变壁处型腔的长度为 0.5mm。

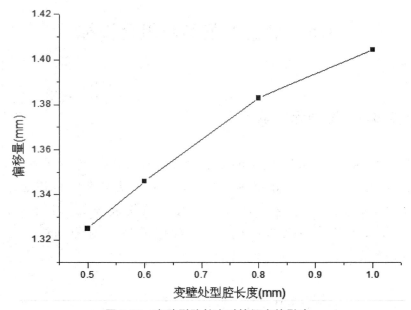

图 3-25　变壁型腔长度对挤压力的影响

Fig. 3-25　The influence of variable wall length to extrusion force

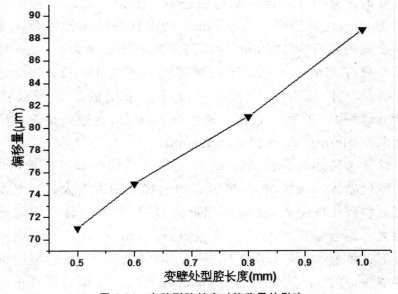

图 3-26　变壁型腔长度对偏移量的影响

Fig. 3-26　The influence of variable wall length to offset

3.8　最优工艺参数组合模拟

3.8.1　有限元模型

根据上节所优化选择的工艺参数,在 CAD 中建立毛坯、凸模、凹模的二维模型,导出为 Deform-2D 可以识别的标准 dxf 格式文件,模型中各工艺参数具体尺寸设置见表 3-2。材料为工业纯铝 AL1100,采用刚塑性模型,轴对称模型。划分网格为 2 万个,采用系统自动重划分网格的方法。

3.8.2　模拟结果

图 3-27 为选择优化工艺参数后的整个反挤压过程,Step 1,

变形开始；Step 26，金属镦粗，充满型腔；Step 36、Step 62，金属受挤压反向流出；Step 75，目前金属是与凹模上部直壁型腔壁部接触，受挤压成形后只进行轴向刚体上移；Step 106，金属经由凹模变壁型腔成形，发生偏摆，同时向凸模侧偏移；Step 147，金属经由凹模底部直壁型腔成形，偏摆消失，受挤压成形后只进行轴向刚体上移；Step 273，成形结束。

表 3-2　工艺参数

Table 3-2　The process parameters

坯料直径(mm)	52.8	凹模底部型腔内径 D	52.84
坯料高度(mm)	5.3	C_1 点与凹模底面的距离 h	6.5
坯坯料温度(℃)	20	型腔变壁处长度 L(mm)	0.5
凸模外径 d_1(mm)	52.2	挤压速度(mm/s)	8
工作带高度 h(mm)	0.6	摩擦因子	0.1

3.8.3　模拟结果分析

图 3-28～图 3-31 分别为反挤压最终成型件的等效应力图、最大主应力图、等效应变图、等效应变速率图。可以看出，在底部成形区域，沿凸模轮廓线向外，凹模轮廓线向内，等效应力和应变逐渐增大，是因为变形区并不是紧贴着凸凹模的端面部分，而是处在凸模断面以下，凹模断面以上一段距离的地方。这个紧靠着冲头端面变形极少的部分即是常说的变形粘滞区。随着挤压的继续进行，这部分金属逐步被扩展进入变形区。主要变形区的金属在流动至形成筒壁后，不再参与变形，只是向上作刚性平移。在出口处，越接近凸模工作带转角圆弧处，等效应力和应变越大，这说明越是靠近凸模工作带转角的金属，其变形越剧烈，变形量越大，从最大等效应变速率值可以看出，等效应力最大值位于凸模转角圆弧处外侧，最大主应力位于凹模壁部内侧，对应凸模工作带转角处，最大的等效应变等值线也位于凸模工作带转角圆弧处外侧。

图 3-32 为进入稳定变形阶段，第 273 分析步时金属流动情况。图 3-32(a)可以看出在凸模平底部分，金属只做水平流动，而由于挤压力垂直向下，产生很大的内应力，阻碍金属的流动，这部分金属流动速度很小。图 3-32(b)为在凸模锥形底部，金属随着凸模形状，做与锥形直线平行的流动，流动速度较快，可见设置锥形凸模有利于金属的流动。图 3-32(c)中，凸模转角入口处，所有受挤压的金属流向转角出口，由于金属流横截面积减小，在出口部位金属流动不均匀，见图 3-32(d)。图 3-32(e)为金属经过工作带与凹模型腔的接触后的刚性平移流动情况，可以看出此时的流动速度非常均匀。图 3-32(f)为凸模工作带部位的变形金属等值线图，可以看到越靠近出口，速度越大。而由于摩擦力的阻滞作用，越靠近凹模型腔，速度越小。

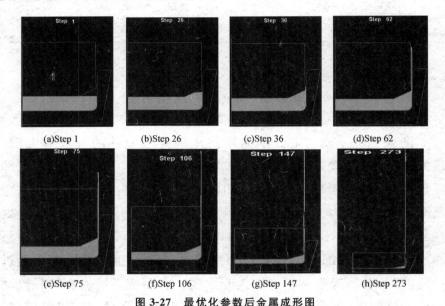

(a)Step 1　　(b)Step 26　　(c)Step 36　　(d)Step 62

(e)Step 75　　(f)Step 106　　(g)Step 147　　(h)Step 273

图 3-27　最优化参数后金属成形图

Fig. 3-27　The metal forming after optimization parameters

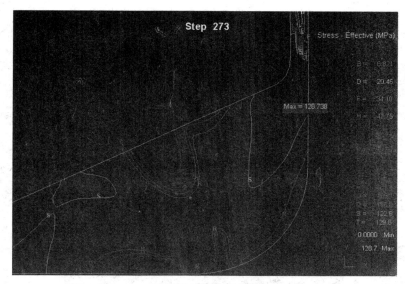

图 3-28　等效应力图

Fig. 3-28　Distributing of equivalent stress

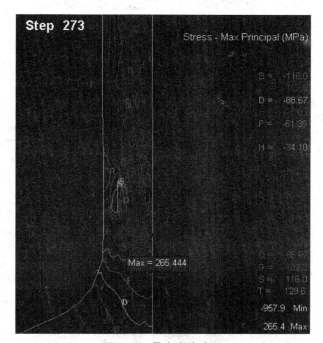

图 3-29　最大主应力图

Fig. 3-29　Distributing of maximum main stress

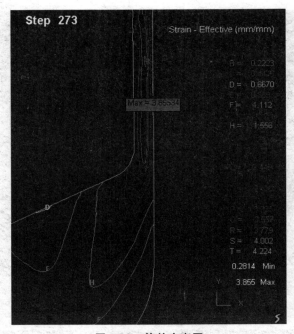

图 3-30　等效应变图

Fig. 3-30　Distributing of equivalent strain

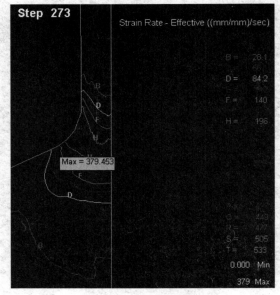

图 3-31　等效应变速率图

Fig. 3-31　Distributing of equivalent strain rate

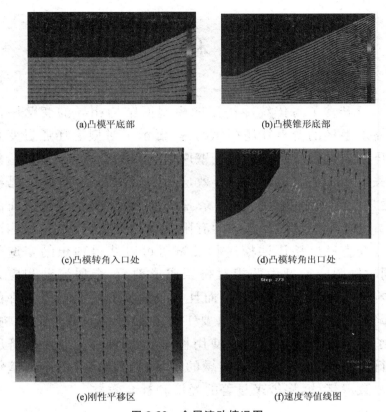

(a)凸模平底部　　　　　　　　　(b)凸模锥形底部

(c)凸模转角入口处　　　　　　　(d)凸模转角出口处

(e)刚性平移区　　　　　　　　　(f)速度等值线图

图 3-32　金属流动情况图

Fig. 32　The map of metal flowing

　　图 3-33 为利用椭圆型变壁过渡曲面及最优工艺参数组合挤出的零件形状,筒壁基本没有翘曲现象。

图 3-33　反挤压变壁铝罐

Fig. 3-33　The variable wall aluminum cans of backward extrusion

3.9　本章小结

　　本章开发了与传统冷挤压凹模型面结构相异的变壁厚薄壁铝罐筒形毛坯的变直径反挤压凹模；揭示了饼型毛坯通过变直径反挤压凹模进行反挤压形成变壁厚筒形件的金属流动规律，获得了有关行程-载荷、速度场、等效应力以及体积的缩减情况等信息；通过使用阶梯型、直线型、余弦线型、椭圆线型四种型面的凹模进行变壁厚筒形件反挤压的有限元模拟分析，得出采用椭圆线型型面变直径反挤压凹模进行反挤压可以获得理想的变壁厚筒壁，同时椭圆线型型面凹模对挤压成形载荷、金属流动和应力场的影响都优于其他几种型面，而且有效地优化了变壁厚制件的偏摆缺陷的结论；讨论了一些重要工艺参数对挤压成形的影响，优选出了最佳工艺参数组合。使用椭圆线型型面变直径反挤压凹模进行反挤压，可以使薄壁铝罐的重量减轻 14％，由于薄壁铝罐的产量数以亿计，将带来显著的经济和社会效益。

第4章 缩口变形力学分析

本章采用轴对称回转壳体的薄膜理论分析了圆锥模缩口及圆弧模缩口过程，建立了它们的力学分析模型，得到了带直管缩口零件成形力计算模型，以此为根据分析了圆弧模和圆锥模两种模具结构对成形力的影响，并研究了锥形模缩口的半锥角极限，为大锥度铝罐的成形提供理论依据。

4.1　轴对称回转壳体的薄膜理论

以回转曲面为中面的薄壳称为回转壳。回转曲面是一条平面曲线绕该平面内一直线回转而成的曲面，这条平面曲线称为经线（或子午线），与回转轴正交的任何一个圆称为平行圆（或纬线）[17,19]。

图 4-1 表示一回转壳，是由通过毛坯对称轴 O_1O_2 和中间夹角为 $d\gamma$ 的经向剖面（AB、CD）及分别垂直于毛坯中心面、顶点在对称轴上、中间夹角为 $d\alpha$ 的两个纬向剖面（AO_1C、BO_2D）所切出。ρ 表示过 A 点的平行圆半径，R_ρ 表示经线曲率半径或第一曲率半径，R_θ 表示垂直于经线截面的另一主曲率半径或第二曲率半径。

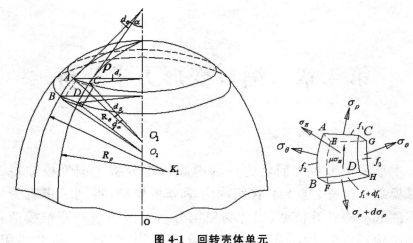

图 4-1 回转壳体单元

Fig. 4-1 The element of rotation shell

当时 $R_\rho =$ const（常数）时，单元体位置由它到对称轴的距离 ρ 和曲率中心 K_1 的坐标来确定，并且对应于半径 ρ 的每一数值，都有固定的一个角 α，即表面母线 ρ 点的切线和对称轴之间的夹角 α。半径 ρ 增加一个 dρ，引起角 α 也增加一个 dα。由于半径 R_ρ 都垂直于母线的切线则角增量 dα 是引自 ρ 点和 $\rho+$dρ 点半径之间的夹角。设毛坯的厚度不变，且比经向剖面的曲率半径 R_ρ 和纬向剖面的曲率半径 R_θ 小得多，可以认为经向应力 σ_ρ 和纬向应力 σ_θ 沿毛坯厚度均匀分布，是主应力。

对轴对称变形回转薄壳，截取回转壳的曲面单元体 ABC-$DEFGH$，单元体上的薄膜内力有：沿子午线（经向）方向的经向应力 σ_ρ，沿平行圆（纬线）方向的周向应力 σ_θ，它们沿毛坯厚度均匀分布，并且是正的主应力。外力有接触面正压力 σ_H 及摩擦应力 $\mu\sigma_H$。面积 f_1,f_2,f_3 分别表示曲面 $ACGE$、$ABFE$ 及 $ABDC$ 的面积。

将各应力平移到单元体的中心，建立单元体的力平衡方程。

（1）将力向曲面的法线上投影（图 4-1）：

$$\sigma_H f_3 - 2\sigma_\rho f_1 \frac{\mathrm{d}\alpha}{2} - 2\sigma_\theta f_2 \frac{\mathrm{d}\beta}{2} = 0 \qquad (4\text{-}1)$$

（2）将力向经向剖面中曲面的切线上投影：

$$\sigma_\rho f_1 + d(\sigma_\rho f_1) - \sigma_\rho f_1 - 2\sigma_\theta f_2 \frac{\mathrm{d}\theta}{2} - \mu\sigma_H f_3 = 0 \qquad (4\text{-}2)$$

角 $\mathrm{d}\alpha$、$\mathrm{d}\beta$、$\mathrm{d}\gamma$ 之间的关系,可以由单元体在纬向剖面上的长度关系求得: $l = \rho\mathrm{d}\gamma = \dfrac{\rho}{\cos\alpha}\mathrm{d}\beta = \dfrac{\rho}{\sin\alpha}\mathrm{d}\theta$

由此得:
$$\mathrm{d}\gamma = \frac{\mathrm{d}\beta}{\cos\alpha} = \frac{\mathrm{d}\theta}{\sin\alpha} \qquad (4\text{-}3)$$

面积 f_1、f、f_3 的大小可由以下明显的关系求出:
$$f_1 = sR_\theta\mathrm{d}\beta = s\rho\mathrm{d}\gamma,$$
$$f_2 = sR_\rho\mathrm{d}\alpha = s\frac{\mathrm{d}\rho}{\sin\alpha}$$
$$f_3 = R_\rho R_\theta\mathrm{d}\alpha\mathrm{d}\beta = \rho\mathrm{d}\gamma\frac{\mathrm{d}\rho}{\sin\alpha}$$

式中,S 是毛坯厚度。

微分第一式求得: $\qquad \mathrm{d}f_1 = s\mathrm{d}\rho\mathrm{d}\gamma$

将所得的关系式代入公式(4-1),得:
$$\sigma_H R_\rho R_\theta\mathrm{d}\alpha\mathrm{d}\beta - \sigma_\rho sR_\theta\mathrm{d}\beta\mathrm{d}\alpha - \sigma_\theta sR_\rho\mathrm{d}\alpha\mathrm{d}\beta = 0$$

经简化和不复杂的变换后,得出无力矩壳体理论中有名的拉普拉斯方程:
$$\frac{\sigma_H}{s} - \frac{\sigma_\rho}{R_\rho} - \frac{\sigma_\theta}{R_\theta} = 0 \qquad (4\text{-}4)$$

将面积 f_1、f_2 和 f_3 的数值代入式(4-2),并用式(4-3)的关系,将 $\mathrm{d}\beta$ 和 $\mathrm{d}\alpha$ 角用 $\mathrm{d}\gamma$ 表示。

考虑到:
$$\mathrm{d}(\sigma_\rho f_1) = \sigma_\rho\mathrm{d}f_1 + f_1\mathrm{d}\sigma_\rho$$
$$\sigma_\rho s\mathrm{d}\rho\mathrm{d}\gamma + s\rho\mathrm{d}\gamma\mathrm{d}\sigma_\rho - \sigma_\theta s\frac{\mathrm{d}\rho}{\sin\alpha}\sin\alpha\mathrm{d}\gamma - \mu\sigma_H\rho\mathrm{d}\gamma\frac{\mathrm{d}\rho}{\sin\alpha} = 0$$

经过简化并逐项除以 $s\mathrm{d}\rho$ 得:
$$\rho\frac{\mathrm{d}\sigma_\rho}{\mathrm{d}\rho} + \sigma_\rho - \sigma_\theta - \mu\sigma_H\frac{\rho}{s\sin\alpha} = 0 \qquad (4\text{-}5)$$

将从公式(4-4)中得到的 σ_H 代入公式(4-5):
$$\rho\frac{\mathrm{d}\sigma_\rho}{\mathrm{d}\rho} + \sigma_\rho - \sigma_\theta - \frac{\mu\rho}{\sin\alpha}\left(\frac{\sigma_\rho}{R_\rho} + \frac{\sigma_\theta}{R_\theta}\right) = 0 \qquad (4\text{-}6)$$

式(4-6)是轴对称变形接触面有摩擦存在时,从变形区空间分段切出的等厚毛坯单元体的普遍平衡方程式。

如果被研究的轴对称壳体沿母线厚度是变化的 $s=f(\rho)=\Phi(a)$,则可以得到 $s=\mathrm{var}$(变量)的普遍平衡方程式,它同方程(4-6)略有区别。平衡方程式有以下形式:

$$\rho\frac{\mathrm{d}\sigma_\rho}{\mathrm{d}\rho}+\sigma_\rho(1+\frac{\rho\mathrm{d}s}{s\mathrm{d}\rho})-\sigma_\theta-\frac{\mu\rho}{\sin a}(\frac{\sigma_\rho}{R_\rho}+\frac{\sigma_\theta}{R_\theta})=0 \qquad (4-7)$$

因此,欲求膜变形区应力 σ_θ 及 σ_ρ 的分布,必须应用塑性条件,并根据变形区的形状尺寸,来确定 ρ、α、s,R_ρ 及 R_θ 之间的关系[16]。

4.2　缩口变形分析与建模前提

缩口是利用模具将圆筒形件口部缩小的成形工序,分圆锥形缩口和圆弧形缩口。缩口件以回转曲面为中面,属回转壳。缩口是属于压缩类冲压成形工序,其变形过程如图 4-2(a)所示,可划分为已变形区、变形区(包括出口弯曲区)和待变形区三部分。变形区的应力状态为两向压应力,其中切向压应力 σ_θ 的绝对值大于径向压应力 σ_ρ 的绝对值,厚度方向应力为 $\sigma_H\approx0$,变形区的应变特点是切向受压,压缩应变 ε_θ 的绝对值最大,径向应变 ε_ρ 为拉应变,板厚方向 ε_t 也为拉应变,即料厚增大[19]。

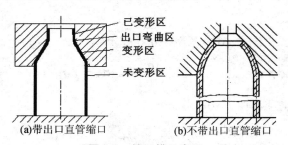

图 4-2　缩口模示意图

Fig. 4-2　Schematic diagram of tube nosing

现今,在对缩口进行力学分析时,大部分都是对不带出口直管的缩口工艺进行研究[图 4-2(b)],对带出口直管的缩口力学研究很少[图 4-2(a)]，带出口直管的缩口件管坯变形时在出口弯曲区要经历反弯曲过程，力学模型与不带出口直管的缩口变形不同，本文正是根据带出口直管的缩口变形特点，利用轴对称回转壳体的薄膜理论对各成形区进行力学模型的建立，并以此为基础比较两种缩口模面对成形力的影响。

4.3　带出口直管的锥形缩口力学分析

4.3.1　带出口直管锥形缩口变形的力学模型

带出口直管的圆锥形缩口变形如图 4-3 所示，缩口模为圆锥形，管坯与模具接触后首先进行入口自由弯曲变形，然后反弯复直，与模具锥形部分贴膜发生缩口变形，后经出口弯曲变形到达直管区即已变形区，变形结束。

在轴向压力作用下，缩口变形是轴对称变形，图 4-3 表示锥形凹模缩口成形的力学模型和所采用的尺寸符号。

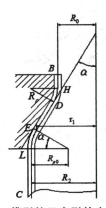

图 4-3　锥形缩口变形的力学模型

Fig. 4-3　Mechanical model of conical die nosing

CL 为传力区（也是待变形区），$LEDH$ 为变形区，HB 为已变形区；其中变形区由三段组成：第Ⅰ段（LE）是毛坯不和模具接触

— 73 —

而中心面弯曲半径为 $R_{\rho 0}$ 的自由弯曲;第Ⅱ段是毛坯和圆锥模型腔接触的强制变形,第Ⅲ段是毛坯和模具接触而中心面弯曲半径为 R_ρ 的出口反弯曲(DH)部分。

4.3.2 单元体的厚度

在轴向稳定压力缩口的情况下,管壁厚度在变形区有增厚的趋势,单元体的厚度是变化的,不能忽略。按应力-应变增量理论(流动方程)有[16]:

$$\mathrm{d}\varepsilon_{ij} = \sigma_{ij}\,\mathrm{d}\lambda \tag{4-8}$$

对于平面应力状态($\sigma_H = 0$),应力和应变速度关系方程用所取符号可以写成:

$$\frac{\sigma_\theta - \sigma_\rho}{\sigma_\theta} = \frac{\mathrm{d}\varepsilon_\theta - \mathrm{d}\varepsilon_\rho}{\mathrm{d}\varepsilon_\theta - \mathrm{d}\varepsilon_t} \tag{4-9}$$

其中,$\mathrm{d}\varepsilon_\rho$ 为径向应变增量;$\mathrm{d}\varepsilon_\theta$ 为切向应变增量;$\mathrm{d}\varepsilon_t$ 为法向应变增量。

根据体积不变原则有:

$$\mathrm{d}\varepsilon_\rho = -(\mathrm{d}\varepsilon_\theta + \mathrm{d}\varepsilon_t) \tag{4-10}$$

从公式(4-10)看出,应变增量 $\mathrm{d}\varepsilon_t$ 和 $\mathrm{d}\varepsilon_\theta$ 有相反的符号,由于应变增量 $\mathrm{d}\varepsilon_\theta$ 是负的,所以应变增量 $\mathrm{d}\varepsilon_n$ 就是正的。换句话说,缩口时在变形区任一点毛坯厚度都在增加。

把式(4-10)代入式(4-9),经变换后:

$$\mathrm{d}\varepsilon_t = -\frac{\sigma_\theta + \sigma_\rho}{2\sigma_\theta - \sigma_\rho}\mathrm{d}\varepsilon_\theta \tag{4-11}$$

其中

$$\begin{cases} \mathrm{d}\varepsilon_t = \ln\dfrac{s}{s_0} \\[2mm] \mathrm{d}\varepsilon_\theta = \ln\dfrac{\rho}{R_0} \end{cases}$$

式中,s 为变形后材料厚度;s_0 为变形前材料厚度;ρ 为任一点距对称轴的距离;R_0 为材料原始半径。

于是有:

$$\ln \frac{s}{s_0} = -\frac{\sigma_\theta + \sigma_\rho}{2\sigma_\theta - \sigma_\rho} \ln \frac{\rho}{R_0} \qquad (4\text{-}12)$$

即：

$$s = s_0 \sqrt{\frac{R_0}{\rho}} \qquad (4\text{-}13)$$

这个公式可以计算变形区中距离对称轴为 ρ 的任意一点的厚度值。毛坯缩口部分的最终壁厚在边缘附近有最大值，并随半径 ρ 的增加而减少，当 $\rho = R_0$ 时达到最小值。

对 S 求导有：

$$\mathrm{d}s = -\frac{s_0}{2} \sqrt{\frac{R_0}{\rho}} \mathrm{d}\rho \qquad (4\text{-}14)$$

式（4-14）即为变形区单元厚度随单元体半径 ρ 的变化规律。

4.3.3 塑性条件

假设：

（1）材料为理想刚塑性材料 $\bar{\sigma} = \sigma_s$。

（2）应力主轴与应变主轴重合，σ_ρ、σ_θ 为主应力，并满足平面应力状态，厚向应力 $\sigma_t = 0$。

由于在缩口过程中，罐坯被压力 P 推入圆角凹模，所以在罐坯中产生压应力 σ_ρ，它在变形区中随所观察的单元体半径 ρ 的减小而减小，直至在罐坯的边缘减小到 0。

考虑到应力 σ_ρ 是压应力，而周向变形 ε_θ 是压缩应变，则周向应力 σ_θ 必为压应力，且为代数值最小的主应力。在稳定缩口变形过程中，缩口变形区进入塑性状态，则满足塑性条件。根据屈雷斯加准则（最大剪应力不变）应有：

$$\sigma_\theta = -\beta\sigma_s \qquad (4\text{-}15)$$

其中，对平面应变状态，$\beta \approx 1.155$；平面应力状态，$\beta \approx 1.1$；轴对称应力状态，$\beta = 1$；缩口变形属平面应力状态，$\beta \approx 1.1$。

4.3.4 锥形缩口变形应力分布

管坯进入锥形缩口模后，经历自由弯曲、缩口、反弯曲变形过程,各变形区域应力分布状态不同,现在对各个变形区进行受力分析。

对于第Ⅲ部分,图 4-4 为力学模型放大图,该部分绕对称轴外翻反弯曲,由图知,

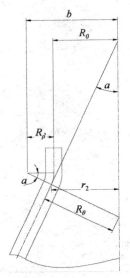

图 4-4　第 III 区放大图

Fig. 4-4　Enlargement map of No. 3 area

$$
\begin{cases}
R_0 = b - R_\rho \\
\rho = R_\theta \cos\alpha = b - R_\rho \cos\alpha \\
d\rho = R_\rho \sin\alpha\, d\alpha \\
R_\theta = \dfrac{b}{\cos\alpha} - R_\rho
\end{cases}
\tag{4-16}
$$

由于该部分变形属轴对称变形,且变形过程中壁厚增厚,将式(4-16)确定的关系代入式(4-7),得外翻部分的一般平衡方程为:

$$
\rho \frac{d\sigma_\rho}{d\rho} + \sigma_\rho \left(1 + \frac{\rho ds}{s\, d\rho} - \frac{\mu\rho}{R_\rho \sin\alpha}\right) - (1 + \mu ctg\alpha)\sigma_\theta = 0 \tag{4-17}
$$

式(4-17)中,σ_ρ、σ_θ 均未知,单元厚度 s 沿经线方向是变化的。欲求变形区中经向应力的分布,必须应用塑性条件,同时计算单元体厚度变化。

在变形过程中，管坯被压力 p 推入缩口模，所以在管坯中产生压应力 σ_ρ，它在变形区中随所观察的单元体半径 ρ 的减小而减小，直至管坯边缘减小到 0。而周向产生压缩变形，故周向应力 σ_θ 是压应力，且为代数值最小的主应力。当进入稳定状态时，变形区 DH 进入塑性状态，应满足塑性条件公式（4-15）。将已得的单元体厚度 s、$\mathrm{d}s$ 以及由塑性条件确定的 $\sigma_\theta = -\beta\sigma_s$ 代入方程式（4-17），得：

$$\frac{\mathrm{d}\sigma_\rho}{\mathrm{d}\alpha} + \sigma_\rho\left(\frac{\sin\alpha}{2(a-\cos\alpha)} - \mu\right) + \beta\sigma_s\frac{\sin\alpha+\mu\cos\alpha}{a-\cos\alpha} = 0 \quad (4\text{-}18)$$

其中，$a = \dfrac{b}{R_\rho}$。

对此方程积分，其通解为：

$$\sigma_\rho = \mathrm{e}^{-T(\alpha)}\left[\int V(\alpha)\mathrm{e}^{T(\alpha)}\,\mathrm{d}\alpha + c\right]$$

其中，$T(\alpha)$、$U(\alpha)$、$V(\alpha)$ 分别表示为：

$$\begin{cases} T(\alpha) = \displaystyle\int U(\alpha)\mathrm{d}\alpha \\[2mm] U(\alpha) = \dfrac{\sin\alpha}{2(a-\cos\alpha)} - \mu \\[2mm] V(\alpha) = \sigma_s\dfrac{\sin\alpha+\mu\cos\alpha}{a-\cos\alpha} \end{cases} \quad (4\text{-}19)$$

当 $\alpha=0$ 时，$\sigma_\rho=0$；$\alpha=\alpha_0$ 时，$\sigma_{\rho\mathrm{III}} = \sigma_{\rho\mathrm{III\,max}}$。

当毛坯单元体在变形过程中从变形区第 Ⅱ 段过渡到第 Ⅲ 段时，在径向剖面内中心面半径从无穷大减少到 R_ρ（弯曲）。考虑到弯曲引起应力 σ_ρ 增加 $\Delta\sigma_\rho$，它的数值按文献[19]给出的公式计算：$\Delta\sigma_\rho = \dfrac{\sigma_s\cdot s}{4R_\rho}$，可以得出变形区圆锥段与出口自由弯曲段交界处的应力为：

$$\rho = r_2，\sigma'_{\rho\mathrm{III\,max}} = \sigma_{\rho\mathrm{III\,max}} + \Delta\sigma_\rho \quad (4\text{-}20)$$

对于第 Ⅱ 部分，根据锥形缩口变形区形状尺寸，在 ED 段，应有：

$$\begin{cases} \alpha = 常数 = \alpha_k \\ R_\rho = \infty \\ R_\theta = \dfrac{\rho}{\cos\alpha_k} \end{cases} \tag{4-21}$$

将式(4-21)代入式(4-7)并根据塑性 $\sigma_\theta = -\beta\sigma_s$，得：

$$\rho\frac{\mathrm{d}\sigma_\rho}{\mathrm{d}\rho} + \sigma_\rho(1 + \frac{\rho\mathrm{d}s}{s\mathrm{d}\rho}) + \beta\sigma_s(1 + \mu ctg\alpha_k) = 0 \tag{4-22}$$

积分这个变量可分离的微分方程，得：

$$\sigma_\rho = -\sigma_s(1 + \mu ctg\alpha_k) + \frac{C}{\rho} \tag{4-23}$$

当 $\rho = r_2$ 时，$\sigma_\rho = \sigma_{\rho \mathrm{III} \max}$；$\rho = r_1$，$\sigma_\rho = \sigma_{\rho \mathrm{II} \max}$ 时。

对于第 I 部分，$\mu = 0$（毛坯未与模具接触），根据塑性条件将 $\sigma_\theta = -\sigma_s$ 代入方程，由式(4-7)，可以求得变形区第 I 段上的应力分布。所得微分方程有以下形式：

$$\frac{\mathrm{d}\sigma_\rho}{\sigma_\rho + \sigma_s} = -\frac{\mathrm{d}\rho}{\rho}$$

积分得：
$$\sigma_\rho = -\sigma_s + \frac{C}{\rho} \tag{4-24}$$

当毛坯单元体在变形过程中从变形区第 I 段过渡到第 II 段时，在径向剖面内中心面半径从 R_{ρ_0} 增加到无穷大（变直）；而当从毛坯未变形部分过渡到变形区时，从无穷大减少到 R_{ρ_0}（弯曲）。考虑到弯曲和变直都引起应力 σ_ρ 增加 $\Delta\sigma_\rho$，它的数值按公式 $\Delta\sigma_\rho = \dfrac{\sigma_s \cdot s}{4R_{\rho_0}}$ 计算，则变形区第 I 段的边界条件可取为：

$$\rho = r_1, \sigma_\rho = \sigma_{\rho \mathrm{II} \max} + \Delta\sigma_\rho$$

当 $\rho = R_1$ 时，
$$\sigma_\rho = \sigma_{\rho \mathrm{I} \max}$$

考虑弯曲影响，作用于被缩口毛坯壁上的应力 $\sigma_{\rho \max}$ 应加上应力增量 $\Delta\sigma_\rho$：

$$\sigma_{\rho \max} = \sigma_{\rho \mathrm{I} \max} + \Delta\rho \tag{4-25}$$

按公式(4-25)计算在圆锥凹模中缩口的 $\sigma_{\rho \max}$，必须知道自由弯曲段的半径值 R_{ρ_0}，近似地可以认为，当径向的应力相当大时，变形区第 I 段的 R_{ρ_0} 值可用以下公式[12]计算：

$$R_{\rho 0} = \frac{s\sigma_s}{4\sigma_\rho(1-\cos\alpha)}$$

$$R_{\rho 0} = \frac{s\sigma_s}{4\sigma_{\rho\,\mathrm{I\,max}}(1-\cos\alpha_k)} \tag{4-26}$$

因此锥形缩口最大应力在弯曲入口处,表示为:

$$\sigma_{\rho\max} = \sigma_{\rho\,\mathrm{I\,max}} + \Delta\rho \tag{4-27}$$

4.3.5　锥形缩口变形成形工艺力

管坯在轴向稳定压力下缩口成形,经过复杂的过渡变形,达到稳定的缩口状态后,成形力不变且达到最大,本书将此最大成形力称为缩口工艺力。由于轴压缩口时,管坯还可能因缩口工艺力过大而在传力区产生轴向压缩失稳,因此,应确定并控制缩口工艺力的大小。缩口成形工艺力为缩口区最大膜应力 σ_ρ 与筒坯截面积的乘积,即:

$$P = 2\pi R_0 s_0 \sigma_{\rho\max} \tag{4-28}$$

4.4　带出口直管的圆弧形缩口力学分析

4.4.1　带出口直管圆弧形缩口变形的力学模型

带出口直管的圆弧形缩口变形如图 4-5 所示,缩口模为圆弧形,管坯与模具接触后贴膜并进行缩口变形,后经出口弯曲变形到达直管区即已变形区,变形结束。

在轴向压力作用下,圆弧模缩口变形是轴对称变形,图 4-5 表示圆弧形凹模缩口成形的力学模型和所采用的尺寸符号。

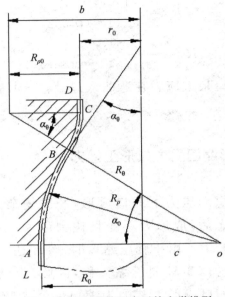

图 4-5　圆弧形缩口变形的力学模型

Fig. 4-5　Mechanical model of circular die nosing

LA 为传力区(也是待变形区),ABC 为变形区,CD 为已变形区;其中变形区由二段组成:第Ⅰ段(AB)毛坯和圆弧模型腔接触的外凸缩口变形区;第Ⅱ(BC)段是毛坯和模具接触而中心面弯曲半径为 $R_{\rho 0}$ 的内凹缩口变形区。

4.4.2　圆弧形缩口变形变形应力分布

管坯进入圆弧形缩口模后,经历缩口、反弯曲变形过程,各变形区域应力分布不同,现在对各个变形区进行受力分析。

对 BC 段,该部分绕对称轴内凹缩口,由图 4-5 知:

$$\begin{cases} r_0 = b - R_{\rho 0} \\ \rho = R_\theta \cos\alpha = b - R_{\rho 0}\cos\alpha \\ \mathrm{d}\rho = R_{\rho 0}\sin\alpha \, d\alpha \\ R_\theta = \dfrac{b}{\cos\alpha} - R_{\rho 0} \end{cases} \tag{4-29}$$

其中,$\alpha = 0 \sim \alpha_0$,α_0 是半锥角。

— 80 —

由于该部分变形属轴对称变形,将式(4-29)确定的关系代入式(4-7),并将壁厚 S、dS 以及由塑性条件确定的 $\sigma_\theta = -\sigma_s$ 代入方程式(4-30),可以得出方程如下:

$$\frac{\mathrm{d}\sigma_\rho}{\mathrm{d}\alpha} + \sigma_\rho \left[\frac{\sin\alpha}{2(a-\cos\alpha)} - \mu\right] + \sigma_s \frac{\sin\alpha + \mu\cos\alpha}{a-\cos\alpha} = 0 \quad (4\text{-}30)$$

其中,$a = \dfrac{b}{R_{\rho 0}}$。

其通解为:

$$\sigma_\alpha = \mathrm{e}^{-T(\alpha)} \left[\int V(\alpha)\mathrm{e}^{T(\alpha)}\mathrm{d}\alpha + c\right]$$

$$\begin{cases} T(\alpha) = \int U(\alpha)\mathrm{d}\alpha \\[2mm] U(\alpha) = \dfrac{\sin\alpha}{2(a-\cos\alpha)} - \mu \\[2mm] V(\alpha) = \sigma_s \dfrac{\sin\alpha + \mu\cos\alpha}{a-\cos\alpha} \end{cases}$$

当 $\alpha = 0$ 时,$\sigma_\rho = 0$;$\alpha = \alpha_0$ 时,$\sigma_{\rho\mathrm{I}} = \sigma_{\rho\mathrm{I}\max}$。 $\quad$ (4-31)

对于 AB 段,该部分为圆弧缩口变形区,由图 4-5 知:

$$\begin{cases} \rho = R_\rho\cos\alpha - c \\[2mm] \mathrm{d}\rho = -R_\rho\sin\alpha\,\mathrm{d}a \\[2mm] R_\theta = R_\rho - \dfrac{c}{\cos\alpha} \end{cases} \quad (4\text{-}32)$$

该部分变形属轴对称变形,将式(4-32)确定的关系代入式(4-7),并将壁厚 S、dS 以及由塑性条件确定的 $\sigma_\theta = -\sigma_s$ 代入方程式,可以得出方程如下:

$$\frac{\mathrm{d}\sigma_\rho}{\mathrm{d}\alpha} - \sigma_\rho \left[\frac{\sin\alpha}{2(\cos\alpha-a)} - \mu\right] - \sigma_s \frac{\sin\alpha + \mu\cos\alpha}{\cos\alpha-a} = 0 \quad (4\text{-}33)$$

其中,$a = \dfrac{c}{R_\rho}$,α 变形范围为 $0\sim\alpha_0$,α_0 为半锥角。

其通解为:

$$\sigma_\alpha = \mathrm{e}^{-T(\alpha)} \left[\int V(\alpha)\mathrm{e}^{T(\alpha)}\mathrm{d}\alpha + c\right] \quad (4\text{-}34)$$

$$
\begin{cases}
T(\alpha) = \int U(\alpha)\,\mathrm{d}\alpha \\[2mm]
U(\alpha) = \dfrac{\sin\alpha}{2(\cos\alpha - a)} - \mu \\[2mm]
V(\alpha) = \sigma_s\,\dfrac{\sin\alpha + \mu\cos\alpha}{\cos\alpha - a}
\end{cases}
$$

式(4-34)可以用来确定在母线为曲线(R_ρ＝常数)的凹模内缩口时变形区的应力分布 $\sigma_\rho = f(\alpha)$。应力随角度 α 减小，σ_ρ 增加，并在 $\alpha = 0$(在变形区和原始毛坯未变形部的交界处)，σ_ρ 达到最大值 $\sigma_{\rho\max}$。

边界条件：

当 $\alpha = \alpha_0$ 时，$\sigma_\rho = \sigma_{\rho\,\mathrm{I}\,\max}$。 (4-35)

当 $\alpha = 0$ 时，$\sigma_\rho = \sigma_{\max}$。 (4-36)

计算作用于被缩口毛坯壁上的应力 $\sigma_{\rho\max}$ 时，应当考虑毛坯单元体从未变形部分向变形区移动时，经向剖面内的中心面曲率半径由无穷大减小到 R_ρ 值。这样，在变形区的入口处，毛坯单元体发生弯曲，它必然要影响应力 $\sigma_{\rho\max}$ 值。近似地可以认为，当毛坯单元体相对缩口凹模移动而急剧改变半径 R_ρ 时发生的弯曲，引起应力 $\sigma_{\rho\max}$ 增加 $\Delta\sigma_\rho$，而 $\Delta\sigma_\rho$ 值可用公式 $\Delta\sigma_\rho = \dfrac{\sigma_s s}{4R_\rho}$ 近似地计算。这时，应力 $\sigma_{\rho\max}$ 应加上应力增量 $\Delta\sigma_\rho$。则得：

$$
\alpha = 0,\ \sigma_{\rho\max} = \sigma_{\max} + \frac{\sigma_s s}{4R_\rho} \tag{4-37}
$$

由式(4-37)求出带出口直管的圆弧模缩口的最大应力计算公式。

4.4.3 圆弧形缩口变形成形工艺力

管坯在轴压下缩口成形，经过复杂的各变形区域，达到稳定的缩口状态后，成形力不变且达到最大，为缩口工艺力。由于轴压缩口时，管坯还可能因缩口工艺力过大而在传力区产生轴对称失稳，因此，应确定并控制缩口工艺力的大小。缩口成形工艺力为缩口区最大膜应力 σ_ρ 与筒坯截面积的乘积。对于圆弧形缩口变形，最大膜应力为变形区与未变形区交界处应力［式（4-37）］，则圆弧形缩口稳态缩口工艺力：

$$P = 2\pi R_0 s_0 \sigma_{\rho\max} \tag{4-38}$$

4.5　圆弧形缩口模与圆锥形缩口模比较

在缩口系数一定的情况下，可以采用圆弧形模具或圆锥形模具进行缩口成形，本节讨论两种模具型面对成形力的影响。

在缩口系数、成形高度一定的情况下，锥形凹模与圆弧形凹模的锥角示意如图 4-6 所示。圆弧形凹模的半锥角是锥形凹模半锥角的二倍，即 $\alpha_1 = 2\alpha_2$。

为便于讨论，取不带出口直管的缩口模进行缩口力比较，依据前面讨论的各阶段缩口应力分布计算模型，由于公式中均按字母表示，直接计算微分结果比较困难，本节用 MATLAB 进行两种模具型面下最大应力的比较。对圆锥模，讨论第Ⅱ和第Ⅰ部分的组合，对圆弧模，只讨论圆弧缩口部分，实验模具如图 4-8（a）所示。在计算中圆弧模半锥角取 2 倍于圆锥模。

当半锥角一定时比较两种模具应力随半锥角的变化关系如图 4-7 所示。由图知，当半锥角一定时，圆锥模缩口应力始终大于同缩口系数的圆弧模缩口应力。由最大径向应力-半锥角曲线可以看出，圆锥形模具的缩口应力随着半锥角的增加，缩口力先降低后逐渐上升，这也说明圆锥形模具有一最佳半锥角存在，这在很多文献中都有论述[11,12]。圆弧形模具缩口力随半锥角的增加，缩口力降低。

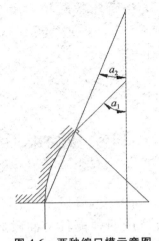

图 4-6　两种缩口模示意图

Fig. 4-6　Two types of nosing die sketch

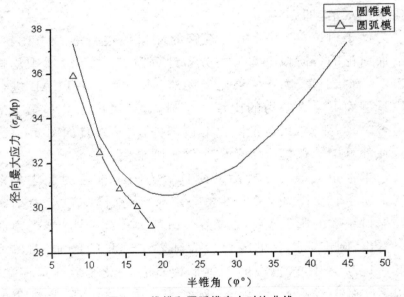

图 4-7　锥模和圆弧模应力对比曲线

Fig. 4-7　Comparison of the nosing stress for circular curved dies and conical dies

　　为验证上述结论的正确性,对直径为 38mm,壁厚为 0.33mm 的无缝铝管图(图 4-8),分别采用锥形模具和圆弧形模具(模具参数如下表 4-1 所示)进行缩口试验,用在实验中的圆弧模具的凹模半径为 38mm,在万能压力机上进行缩口试验,凹模运动速度为

1.5mm/min,在缩口过程中,用二硫化钼做润滑剂,在模具和铝筒表面都涂有润滑材料。

力-位移曲线展现了模具型面对缩口力的影响。由图 4-9知,在加工过程中,随着模具下行,圆弧形模具的缩口力始终小于圆锥形模具的缩口力;在锥形模具中,在缩口的早期阶段有一个力峰出现,这是因为管子的形状在入口处发生了很大的变化,在局部出现弯曲变形。对于圆弧形的凹模,在早期阶段并没有出现力峰值,随着位移 L 的增加,力增加比较平稳。

表 4-1　两种模具型面几何参数
Table 4-1　Two kinds of mold geometries

	铝管半径 （mm）	出口半径 （mm）	锥模 半锥角	圆弧模 半锥角	圆弧模圆弧半径 （mm）
第一组	19	17.5	8°	16°	38
第二组	17.5	16.2	10°	20°	21

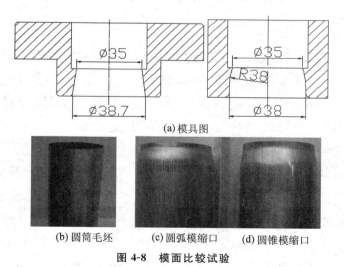

(a) 模具图

(b) 圆筒毛坯　　(c) 圆弧模缩口　　(d) 圆锥模缩口

图 4-8　模面比较试验
Fig. 4-8　The experiment of comparison die surface

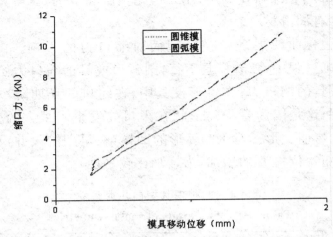

图 4-9　锥模缩口和圆弧模缩口的力-位移曲线比较

Fig. 4-9　Comparison of the *W-L* curves for circular curved dies and conical dies

4.6　锥形模缩口的成形极限

管材锥形缩口是一种常见的缩口成形方式,管坯在轴向载荷作用下,传力区经自由弯曲(AB 区)→反弯复直(B 点)→强制缩口(BC 区),从而生成缩口类零件[图 4-10(a)]。当缩口件半锥角较大时,自由弯曲段 AB 在 B 点不发生反弯复直,而是继续弯曲产生内卷曲变形[图 4-10(b)]。因此,大锥度缩口是介于缩口和失稳之间的一种成形方式,只有满足一定的成形力学条件,管坯才能在弯曲变形进行到一定程度时反弯复直,从而生成缩口件。管坯在成形过程中能否产生反弯复直是缩口顺利进行的关键。对于管材锥形缩口,目前研究多集中在工艺参数及摩擦对成形极限的影响,对大锥度缩口类零件的成形研究较少。然而,对于薄壁精密筒形件,特别是包装罐,为吸引客户而形状各异,大锥度缩口筒形件的应用越来越多,因此,近年来对薄壁罐类零件的研究备受关注。本章节从变形能角度出发,结合有限元模拟技术研究大锥度缩口临界半锥角取值范围并对弯曲-缩口变形模式的转化条件进行研究。

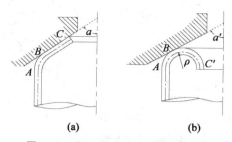

图 4-10　缩口和内卷曲成形示意图

Fig. 4-10　Schematic illustration of（a）Nosing and（b）Inword curling

4.6.1　锥形缩口模型

图 4-11 是一种简化的锥形缩口模型,在初始弯曲变形阶段,管坯并不完全贴模,而是形成一段圆弧,只有端部触模(如图 4-11 中 AB 段所示)。初始弯曲变形行为及其弯曲半径是影响后继变形的决定性因素[10]。图中,t_0、d_0 分别为管坯初始厚度和直径。假设管坯的初始自由弯曲半径为 ρ,弯曲部分对应圆心角为 a(即模具半锥角),如图 4-11(a)所示。T 时刻变形状态为图 4-11(a),经过一微小变形 $\mathrm{d}s$ 后,管坯将发生缩口或内卷曲两种变形模式,如图 4-11(b)和 4-11(c)所示,通过比较两种变形模式下变形区变形能增量,来判断管坯是否会在 B 点发生反弯复直向缩口变形模式转换。

为研究方便特作如下基本假设:

(1)管坯材料是均匀的,忽略 Banchinger 效应,应力应变关系描述为 $\sigma_s = k\varepsilon^n$。

(2)忽略接触面的摩擦及弹性变形的影响,材料满足体积不变的条件。

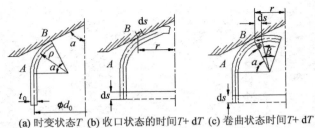

(a) 时变状态T (b) 收口状态的时间$T+\mathrm{d}T$ (c) 卷曲状态时间$T+\mathrm{d}T$

图 4-11   缩口及卷曲变形几何模型

Fig. 4-11   Geometrical modeling of deformed shape

(a) deformed state at time T;(b) nosing state at time $T+\mathrm{d}T$;(c) curling state at time $T+\mathrm{d}T$

由图 4-11(a)知,经过一微小变形 $\mathrm{d}s$,A 点的子午线塑性弯曲能增量:

$$\delta W_b = 2\int_0^{t_0/2} \pi\sigma_s d_0\, \eta d\, \eta\delta\alpha \tag{4-39}$$

式中,η 为弯曲部分沿厚度方向坐标,将其代入公式(4-39)得:

$$\mathrm{d}s = \rho\delta\alpha$$

$$\delta W_b = \frac{2\pi d_0 k\mathrm{d}s}{n+2}\left(\frac{1}{\rho}\right)^{n+1}\left(\frac{t_0}{2}\right)^{n+2} \tag{4-40}$$

$A\text{-}B$ 的周向缩口能增量:

$$\delta W_{zhou} = 2\pi r t_0\, \mathrm{d}s \int \sigma_s \mathrm{d}\varepsilon_\theta \tag{4-41}$$

由能量原理得:

$$F\mathrm{d}s = \delta W_b + \delta W_{zhou} \tag{4-42}$$

式中,F 为成形力。将式(4-40)与式(4-41)代入式(4-42),可得自由弯曲成形力:

$$F = \pi d_0 t_0 k\left(\frac{1}{2}\right)^{n+1}\left(\frac{\rho}{d_0}\right)^{n+1}\left(1-\cos\alpha-\frac{n}{2}\sin^2\alpha\right) + \frac{2\pi d_0 k}{n+2}\left(\frac{1}{\rho}\right)^{n+1}\left(\frac{t_0}{2}\right)^{n+2}$$

$$\tag{4-43}$$

由 $\dfrac{\partial F}{\partial\rho} = 0$ 可得最小弯曲半径:

$$\rho = \frac{1}{2}\sqrt{t_0 d_0}\left[(n+2)\left(1-\cos\alpha-\frac{n}{2}\sin^2\alpha\right)\right]^{\frac{-1}{2(n+1)}} \tag{4-44}$$

4.6.2　缩口-卷曲变形模式的转换条件

1. 缩口模式

如图 4-11(b)所示，在这种模式的微小变形区 ds 内，管端在 B 点发生反弯曲变形从而贴在模具表面，此范围的周向应变增量为：

$$d\varepsilon_\theta = ds\sin\alpha / r \tag{4-45}$$

式中，r 为变形区半径。

单元体反弯曲变形能增量 δW_{unb} 为：

$$\delta W_{unb} = \frac{4\pi r_b k \, ds}{2+n}\left(\frac{t_b}{2}\right)^{2+n}\frac{1}{\rho^{1+n}} \tag{4-46}$$

式中，r_b、t_b 分别为 B 点的半径与厚度。

因此，缩口变形总的变形能增量 δW_n 为：

$$\delta W_n = \int_0^\beta (2\pi r\rho t \, d\sigma d\varepsilon_\theta) \, d\varphi + \delta W_{unb} + \delta W_{AB}$$

$$\approx 2\pi k t_b \left(\frac{\rho}{r}\right)^n ds\rho \left[(\beta - a)\sin\alpha - n\sin(\alpha - \beta)\right]$$

$$+ \frac{4\pi r_b k \, ds}{2+n}\left(\frac{t_b}{2}\right)^{2+n}\frac{1}{\rho^{1+n}} + \delta W_{AB} \tag{4-47}$$

其中，β 为反弯复直圆弧对应的圆心角；δW_{AB} 为 A 到 B 区域变形能增量。

2. 卷曲模式

在这种模式中，管端在 B 点继续弯曲变形[图 4-11(c)]，在微小变形区 ds 内，圆周方向应变增量为：

$$d\varepsilon_\theta = dr/r = ds\sin(\alpha + \varphi)/r \tag{4-48}$$

在这种变形模式中，因反弯曲变形不发生，因此，卷曲变形总的变形能增量 δW_c 等于：

$$\delta W_c = \int_0^\beta (2\pi r_b \rho t_b \, d\sigma_s d\varepsilon_\theta) \, d\psi + \delta W_{AB}$$

$$= 2\pi kt \left(\frac{\rho}{r}\right)^n \mathrm{d}s\rho \left[(\cos\alpha - \cos\beta) - \frac{n}{2}(\sin^2\beta - \sin^2\alpha)\right] + \delta W_{AB}$$

$$(4\text{-}49)$$

其中,为管端继续弯曲部分对应的圆心角。

4.6.3 临界半锥角

从以上讨论知,经过一微小变形 ds 后,管坯产生卷曲或缩口两种变形模式,其变形能增量分别为 δW_c 和 δW_n,根据能量最小原理,要想产生缩口变形模式,需满足:

$$\delta W_c > \delta W_n \tag{4-50}$$

现令:
$$\delta W_c = \delta W_n \tag{4-51}$$

将式(4-47)与式(4-49)代入式(4-51),可得:

$$\rho = (2+n)^{\frac{-1}{2(1+n)}} \sqrt{\frac{rt}{2}} \left\{ \begin{array}{l} \cos\alpha - \cos\beta - \sin\alpha[\beta - \alpha - n\sin(\beta - \alpha)] \\ -\dfrac{n}{2}(\sin^2\beta - \sin^2\alpha) \end{array} \right\}^{\frac{-1}{2(1+n)}}$$

$$(4\text{-}52)$$

假设内卷曲变形弯曲半径保持不变,又由式(4-44)可得:

$$2\cos\alpha - \cos\beta - \sin\alpha[\beta - \alpha - n\sin(\beta - \alpha)] - \frac{n}{2}(\sin^2\beta) + n\sin^2\alpha = 1$$

$$(4\text{-}53)$$

对式(4-53)求 β 极值得:

$$\beta = \sin^{-1}\left(\frac{\sin\alpha}{1 + n\sin^2\alpha}\right) \tag{4-54}$$

将式(4-54)代入式(4-53),得:

$$2\cos\alpha + n\sin^2\alpha + \frac{\sqrt{1 + (2n-1)\sin^2\alpha + n^2\sin^4\alpha}}{1 + n\sin^2\alpha}$$

$$-\sin\alpha\left[\pi - \sin^{-1}\left(\frac{\sin\alpha}{1 + n\sin^2\alpha}\right)\right]$$

$$+\alpha\sin\alpha + n\sin^2\alpha\left[\frac{\cos\alpha - \sqrt{1 + (2n-1)\sin^2\alpha + n^2\sin^4\alpha}}{1 + n\sin^2\alpha}\right]$$

$$-\frac{n}{2}(\frac{\sin\alpha}{1+n\sin^2\alpha})^2=1 \qquad (4-55)$$

4.6.4　分析与讨论

式(4-55)给出了产生缩口-卷曲变形模式转换时锥形模具半锥角与材料硬化指数之间的关系,根据该式可绘出锥模缩口半锥角与材料性能的关系曲线,如图 4-12 所示,由图知锥形缩口临界半锥角随硬化指数增大,半锥角缓慢增大。说明在其他参数不变的情况下,硬化指数越大,临界半锥角越大,但变化范围较小,约为 $54°\sim60°$。在锥形缩口时,只有采用的模具半锥角值 a 小于临界半锥角时,缩口才能顺利进行。

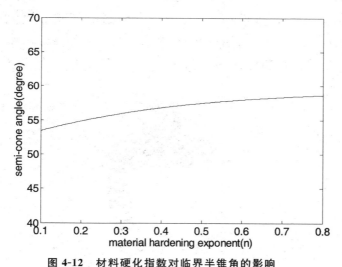

图 4-12　材料硬化指数对临界半锥角的影响

Fig. 4-12　the effect of material hardening exponent on the critical half die angle

4.6.5　模拟验证

为验证上述结论,用 ABAQUS/Explcit 软件对不同硬化指数的铝合金材料变形模式转化条件进行模拟。管坯的几何参数:直径 d 为 25.4mm,厚度 t 为 0.4mm,长度 L 为 30mm。对不同硬化指数管坯的成形过程,通过逐步改变锥模半锥角大小,以寻求管坯发生缩口和卷曲转变的临界半锥角。每种材料的性能参数如表 4-2 所示。

表 4-2　材料性能参数
Table 4-2　Material Properties

材料	屈服极限(Mpa)	硬化指数	应力应变关系
铝合金	180	0.14	$\bar{\sigma}=530\bar{\epsilon}^{0.14}$
铝合金	132	0.226	$\bar{\sigma}=369.86\bar{\epsilon}^{0.226}$
铝合金	63	0.354	$\bar{\sigma}=184\bar{\epsilon}^{0.354}$

因管端缩口是轴对称变形,为提高计算速度且方便观察端部变化情况,取四分之一模型进行分析计算。在模拟模型中,主要有两个零件,一个是刚性模具,一个是可变形的坯料。因缩口卷曲转变在微小区域内进行,离散单元体单元尺寸要足够小,本模型在壁厚方向取 2 个六面体体单元进行模拟,有限元模型如图 4-13 所示。

图 4-13　有限元模型
Fig. 4-13　Finite element model

模拟计算结果如图 4-14～图 4-16 所示。

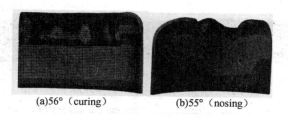

(a)56°（curing）　　　(b)55°（nosing）

图 4-14　铝 n＝0.14 时变形图

Fig. 4-14　The deformation of aluminum when $n＝0.14$

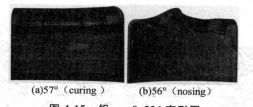

(a)57°（curing）　　　(b)56°（nosing）

图 4-15　铝 n＝0.226 变形图

Fig. 4-15　The deformation of Aluminum when $n＝0.226$

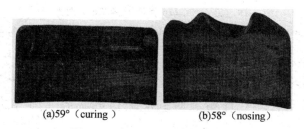

(a)59°（curing）　　　(b)58°（nosing）

图 4-16　铝 $n＝0.354$ 时变形图

Fig. 4-16　The deformation of aluminum when $n＝0.354$

由图 4-14 至图 4-16 可以看出，当铝合金材料硬化指数分别为 $n＝0.14$、0.226、0.345 时，管坯缩口变形的临界半锥角分别为 $55°$、$56°$、$58°$，即随着材料硬化指数增大，缩口临界半锥角缓慢增大，这一结果与式（4-55）及图 4-12 的结果一致。对于锥形缩口，当缩口变形系数较大（半锥角较大）时，特别是薄壁零件，需采用多道次成形工艺，否则将出现起皱现象，图 4-14 至图 4-16 缩口时均出现了起皱，可采取增加成形道次克服。

为验证管坯几何参数对锥形缩口临界半锥角的影响，对不同直径和不同厚度的管坯缩口进行模拟计算，结果如图 4-17 与图 4-18 所示。

(a)57°（curing）　　　　　(b)56°（nosing）

图 4-17　铝 $n=0.226$ 直径 $d=45mm$ 时变形图

Fig. 4-17　The deformation of aluminum when n＝0.226,d＝45mm

由图 4-17 与图 4-18 知,材料均为硬化指数为 0.226 的铝合金,管坯直径分别取 25.4mm 和 45mm 时,锥形缩口临界半锥角都为 56°。

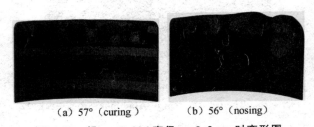

（a）57°（curing）　　　　（b）56°（nosing）

图 4-18　铝 $n=0.226$ 直径 $t=0.2mm$ 时变形图

Fig. 4-18　The deformation of aluminum when $n=0.226,t=0.2mm$

由图 4-15,图 4-19 知,材料均为硬化指数为 0.226 的铝合金,管坯厚度分别为 0.4mm 和 0.2mm 时,锥形缩口临界半锥角也都为 56°。说明管坯几何参数对锥形缩口的临界半锥角大小基本没有影响。

4.6.6　结论

根据锥形缩口时变形区经历弯曲→反弯复直→缩口的工艺过程,建立反弯复直的能量方程,并得出锥形缩口成形的临界半锥角与硬化指数之间的关系曲线,结合有限元模拟计算得出如下结论:

(1)在锥形缩口时,随材料硬化指数增大,缩口临界半锥角 a 缓慢增大,但变化范围较小(54°～60°)。

(2)当缩口半锥角小于临界半锥角时,缩口顺利进行,当缩口半锥角大于临界半锥角时,变形区发生自由弯曲后,变形模式将转化为卷曲模式。

(3)当材料性能相同时,几何参数几乎不影响锥形缩口临界半锥角大小。当缩口件壁厚较薄且缩口系数较小(半锥角较大)时,需采用多道次成形工艺。

因此,对于半锥角大于临界半锥角的缩口件,传统锥形缩口工艺将引起卷曲,需采用其他成形工艺。

(1)采用回转壳体的薄膜理论,建立了锥形模缩口和圆弧模缩口成形的力学分析模型,建立了两种模具型面的最大工艺力计算模型。

(2)从理论上证明了在缩口系数相同的条件下,圆弧形缩口模成形力小于圆锥形缩口模成形力,这为大锥度铝罐成形提供了一个设计准则。

(3)研究了圆锥模缩口成形的半锥角成形极限,从理论上证明了当半锥角大于 $50°\sim55°$ 时,锥形缩口成形会发生内翻转,成形失败,必须采用其他成形工艺路线。

第 5 章　带直管薄壁筒形件缩口变形颈口弯曲变形研究

5.1　引言

　　薄壁圆筒件缩口成形作为高附加值技术受到广泛重视,是包装罐、收颈瓶等容器制造过程中一道重要的冲压加工工序,缩口制品也已广泛应用于航空航天、电器、汽车、化工等工业领域。

　　对于最为常见的锥面型和圆弧回转面型冲压缩口加工,早有文献利用轴对称塑性平衡方程和屈服方程对变形区进行过应力分析[18,19],得出过一些重要的成果,但这些研究主要集中在锥形(圆弧回转面)部分和入口自由弯曲部分缩口力的计算和缩口失稳问题的分析,而对于带直管的缩口件颈口圆弧部分的变形研究较少,文献[120]讨论了按自由弯曲变形模式计算口部应力与变形的合理性。文献[70]认为出口部分的反弯曲现象是管子外壁金属因受凹模锥孔表面摩擦作用,而内壁金属处于自由状态,从而导致管坯变形区内外层金属流动不均匀而出现弯曲;文献[121]认为管端翘曲是由于出口端经向应力为零管坯内外层缩口量不均匀,使得内层的轴向变形大于外层,导致变形后的管坯端部产生刚体转动,使其外径大于凹模出口处内径。

　　本章以带直管的锥形件缩口为例(图 5-1)从理论上研究缩口件的颈口部分成形特点及规律,分析其成形机理,确定口部圆角半径的取值范围,并通过实验进行验证。

5.2　分析模型

对于带直管的缩口件,当颈口圆弧部分在出口圆角较小时,金属不可能自行贴膜反弯曲(图 5-1),而是在变形区的影响下出现较大的反弯曲角度,如何实现正确的反弯曲过程,目前关于该方面的研究很少。本章以锥形缩口件为例,研究出口部分的力学状态。

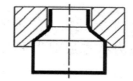

图 5-1　出口区变形示意图

Fig. 5-1　Sketch of exit zone deformation

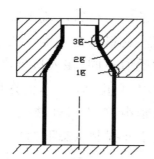

1区:入口弯曲部分;2区:锥肩部分;3区:颈口弯曲部分

图 5-2　缩口变形示意图

Fig. 5-2　Sketch of nosing process

由图 5-2 可见,缩口件变形过程可分为:1 区入口弯曲部分,2 区锥肩部分和 3 区径口弯曲部分,各个部分的变形性质是不同的。入口弯曲部分由于不和模具接触,属自由弯曲变形;锥肩部位沿锥向流动,这是一种强制性缩口变形,变形的材料是在锥形凹模直接施压下,紧贴模壁沿锥向流动,变形后的制件形状与凹模模腔形状一致;颈口弯曲部分有弯曲和接触同时发生,变形性质与前两部分有所不同。

现定义 R_0,t_0 分别为工件缩口前管坯的中径及壁厚；r_B,r_0,t 分别为其在单次缩口后的锥面小端处中径、出口后直管处中径及壁厚，α_B,R_ρ 分别为半锥角和颈口弯曲中径。σ_ρ、σ_θ 分别为径向应力和纬向应力。为方便后面的分析，再作如下假设[17,119]：

（1）圆管件材料为各向同性的理想弹塑性材料，其屈服极限应力为 σ_s。

（2）缩口过程中工件外壁与缩口凹模之间的库仑摩擦系数在整个锥面变形区保持为常数 μ，且壁厚方向不受外摩擦的影响仍为应力主轴方向。

（3）工件的初始壁厚半径比 t_0/R_0 不超过 0.25，可以认为厚度方向应力近似为零，应力状态近似为平面应力状态。

5.2.1 颈口弯曲处力矩平衡

如图 5-3 可知，颈口部位的材料已流出凹模锥口，但由于材料内部周向应力的释放过程，材料将会发生弯曲，类似入口处的弯曲部分，但与入口处的弯曲受力不同，在入口处，纬向应力较小，材料主要在径向应力作用下发生自由弯曲[19]，而在出口处，由于塑性变形的结果，径向应力越来越小，在出口处减小到 0，材料主要在纬向应力作用下发生变形，属于非强制状态下的自由弯曲变形[120]。

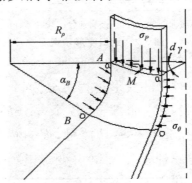

图 5-3　自由弯曲处受力简图

Fig. 5-3　Force diagram of free bending zone

图 5-3 所示为颈口处呈弧状向外弯卷曲的变形模式受力简图。为进一步标明受力状况，画出径向剖面图（图 5-4），并对这种自由弯曲的变形作受力分析。

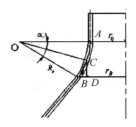

图 5-4　径向剖面
Fig. 5-4　Radial profile view

现研究纵向力、纬向力和弯弯矩同时作用下毛坯弯曲变形。

在 o-o 剖面没有弯矩，在 a-a 剖面有弯矩作用。对 o-o 剖面的弯矩平衡方程式可写成如下形式：

$$\sigma_\rho r_0 \mathrm{d}\gamma t(1-\cos\alpha_B)R_\rho + \sigma_\theta R_\rho \alpha_{B.}\, t2\sin\frac{\mathrm{d}\gamma}{2}\cdot\overline{CD} = M = mr_B\mathrm{d}\gamma$$

$$(5\text{-}1)$$

式中，$\mathrm{d}\gamma$ 为单元体两径向剖面间的夹角；m 为沿 A 点圆周上单位弧长的塑性弯矩。

5.2.2　颈口弯曲处自由弯曲半径的确定

出口自由弯曲圆弧的大小对带出口直管缩口件的成形影响很大，如果模具在出口弯曲处的圆弧小于自由弯曲圆弧的大小，将造成成形时不贴膜，不能保证零件的成形要求，本节通过颈口力矩平衡推出自由弯曲半径的解析公式。

由图 5-4 知，

$$\overline{CD} = \overset{\frown}{CB}\cdot\sin\theta$$

$$\overset{\frown}{CB} = \frac{\alpha_B}{2}R_\rho$$

$$\theta = 90 - \frac{\alpha_B}{2}$$

由文献[19]知：$$m=\frac{\sigma_s}{4}t^2$$

代入式(5-1)得：

$$\sigma_\rho r_0 \,\mathrm{d}\gamma t(1-\cos\alpha_B)R_\rho + \sigma_\theta R_\rho^2 \alpha_{B.}^2 \, t\sin\frac{\mathrm{d}\gamma}{2}\cos\frac{\alpha_B}{2}=\frac{\sigma_s}{4}t^2 r_B \mathrm{d}\gamma$$

$$\sigma_\rho r_0 \,\mathrm{d}\gamma t(1-\cos\alpha_B)R_\rho + \sigma_\theta R_\rho^2 \alpha_{B.}^2 \, t\sin\frac{\mathrm{d}\gamma}{2}\cos\frac{\alpha_B}{2}=\frac{\sigma_s}{4}t^2 r_B \mathrm{d}\gamma$$

经变形，所得方程式变为经向剖面曲率半径的二次方程式：

$$\sigma_\theta R_\rho^2 \alpha_B^2 \, t\sin\frac{\mathrm{d}\gamma}{2}\cos\frac{\alpha_B}{2} + \sigma_\rho r_0 \,\mathrm{d}\gamma t(1-\cos\alpha_B)R_\rho - \frac{\sigma_s}{4}t^2 r_B \mathrm{d}\gamma=0$$

由于 $\mathrm{d}\gamma$ 较小，$\sin\dfrac{\mathrm{d}\gamma}{2}\approx\dfrac{\mathrm{d}\gamma}{2}$，上式变为：

$$\sigma_\theta R_\rho^2 \alpha_{B.}^2 \, t\cos\frac{\alpha_B}{2} + 2\sigma_\rho r_0 t(1-\cos\alpha_B)R_\rho - \frac{\sigma_s}{2}t^2 r_B=0$$

求解二次方程式，根式前取正号，得到公式：

$$R_\rho=\frac{\sqrt{4\sigma_\rho^2 r_0^2 t^2(1-\cos\alpha_B)^2+2\sigma_\theta\alpha_{B.}^2 \, t\sin\frac{\alpha_B}{2}t^2 r_B\sigma_s}}{2\sigma_\theta\alpha_{B.}^2 \, t\sin\frac{\alpha_B}{2}}+$$

$$[2-\sigma_\rho r_0 t(1-\cos\alpha_B)]/2\sigma\theta\alpha_{B.}^2 \, t\sin\frac{\alpha_B}{2} \tag{5-2}$$

在出口弯曲处径向应力 σ_ρ 不大，可以忽略不计，只需考虑纬向应力 σ_θ 的影响于是，由塑性条件知 $\sigma_\theta=-\sigma_s$。公式变为：

$$R_\rho=\frac{1}{\alpha_{B.}}\sqrt{\frac{tr_B}{2\sin\frac{\alpha_B}{2}}}$$

考虑到 B 点处材料厚度的变化：$t=t_0\sqrt{\dfrac{R_0}{r_B}}$

代入上式得：

$$R_\rho=\frac{1}{\alpha_{B.}}\sqrt{\frac{t_0}{2\sin\frac{\alpha_B}{2}}\sqrt{r_B R_0}} \tag{5-3}$$

由式(5-3)可以看出，圆弧曲率半径随半锥角的增大而减小，随出口处颈肩半径的增大而增大,该半径即为颈口处材料自由弯曲半径的圆角半径。当凹模锥壁向颈口直壁过渡的圆角半径小于该半径时,制件颈部表面就可能脱离凹模,不再与模壁紧贴,变形也就不再受模具约束。因此,要想得到正确的过渡圆角,在设计带直管的缩口件时,应该使模具圆角半径大于或等于该自由弯曲半径。

虽然在分析该变形过程采用的是圆锥凹模,对于带出口直管的圆弧形凹模缩口圆弧半径的计算也同样可以采用此公式。

5.3　实验验证

为验证理论分析的正确性,对两种不同直径的纯铝铝管进行缩口实验,两套模具参数如表5-1所示,图5-5为缩口铝筒毛坯,材料厚度为0.33mm,考虑材料特性及零件壁厚,单次缩口系数取0.92左右,用二硫化钼做润滑剂,在模具表面都涂有润滑材料。为了研究自由弯曲部分,只在锥形成形部分设计成形面,出口后直管部分没有设计模面,缩口模具示意图如图5-6所示。成形后零件如图5-7所示。为测量成形后的弯曲半径,对成形后的零件利用非接触式光学三维扫描仪采集点云数据(图5-8),对点云进行数据过滤、切截面并进行数据拟合,得到零件的曲率半径数据,结果如图5-9所示,将测量结果与计算结果对比,如表5-2所示。

图 5-5　铝筒毛坯

Fig. 5-5　The blank of aluminum tube

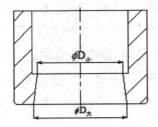

图 5-6　模具示意图

Fig. 5-6　The sketch of nosing die

图 5-7　成形后零件

Fig. 5-7　The deformation parts

表 5-1　缩口模具几何参数
Table 5-1　Nosing die geometric parameters

	小端直径 $\varphi D_{小}$（mm）	大端直径 $\varphi D_{大}$（mm）	缩口系数	锥模半角
第一套	17.5	19	0.921	8.038°
第二套	16.2	17.5	0.926	10.204°

表 5-2　计算结果与实验结果比较
Table 5-2　Comparison of calculated and experimental results

	小端直径 （mm）	大端直径 （mm）	缩口系数	锥模半角 （模具）	圆弧半径 实验结果 （mm）	圆弧半径 理论计算 （mm）
第一套	17.5	19	0.921	8.038°	15	13
第二套	16.2	17.5	0.926	10.204°	10	9

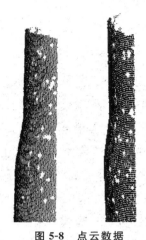

图 5-8　点云数据

Fig. 5-8　Point cloud data

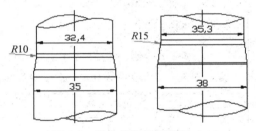

图 5-9　逆向处理后零件尺寸

Fig. 5-9　The parts sizes of reversing engineering

从表 5-2 可以看出,实验结果与理论计算结果基本符合,证明该公式具有一定的工程意义。

5.4　影响出口弯曲半径的因素

缩口管坯端部弯曲主要由于出口变形区内部应力所致,并且受外部条件的影响,影响弯曲的因素主要有管坯壁厚、半锥角、缩口系数(出口处锥肩半径)等。

5.4.1 缩口系数

由式(5-3)可以看出,圆弧曲率半径 R_ρ 与出口半径 r_B 有关,在其他工艺参数不变的情况下,随出口半径 r_B 的增大,圆弧半径增大。表5-2的实验和计算结果也证实了这一结论,因此,在缩口工艺中,缩口系数越小,出口自由弯曲圆弧半径也越小,在加工具有出口圆弧的缩口件时,为保证零件贴膜,要按解析方法计算出口圆弧的范围并使设计尺寸稍大于计算尺寸。

为进一步证实该结论的正确性,用 ABAQUS 数值模拟软件对不同出口半径的铝管进行模拟,铝管几何尺寸如表5-3所示,有限元模型如图5-10所示,模拟结果如图5-11所示,可以看出,随出口端中径的增加,颈口弯曲半径增大。

表 5-3 铝筒几何尺寸

Table 5-3   Aluminum tuble geometry

入口端中径(mm)	壁厚(mm)	锥模半角	出口端中径(mm)
		17°	24.98
26.5	0.33	20°	24.68
		23°	24.38

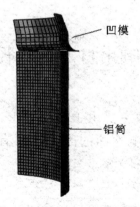

图 5-10   铝筒缩口有限元模型

Fig. 5-10   Aluminum tube finite element model

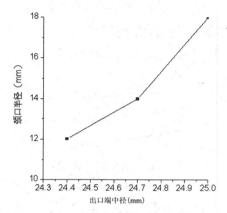

图 5-11 出口端中径与颈口半径关系曲线

Fig. 5-11 Exit radius with the necking bending of necking radius curve

5.4.2 凹模半锥角

在公式 $R_\rho = \dfrac{1}{\alpha_{B.}} \sqrt{\dfrac{t_0}{2\sin\dfrac{\alpha_B}{2}} \sqrt{r_B R_0}}$ 中，出口圆弧半径与凹模半锥

角成反比，在工艺参量不变的前提下，改变缩口凹模半锥角，对表 5-3 的缩口工艺参数进行数值模拟。模拟模型如图 5-10 所示，模拟后模型如图 5-12 所示。

图 5-12 变形后模型及铝筒网格变形图

Fig. 5-12 Deformed model and mesh deformation of aluminum tube

从模拟图可以看出,缩口铝筒在凹模颈口出口处不是继续沿锥向流动,而是出现自由弯曲,将该弯曲处坐标点进行拟合,图5-13为不同半锥角所对应的圆弧半径。

$a=17°,R=13$

$a=20°,R=12$

$a=23°,R=10$

图 5-13　模拟圆弧放大图

Fig. 5-13　The enlarge diagram of simulation arc

分别将表5-3中参数代入式(5-3),得到半锥角分别为17°、20°、23°时的圆弧半径分别为13mm、10mm、8mm。

可见两种计算结果相差不大,规律相同。因此,当缩口零件的半锥角较大时,出口自由弯曲的圆弧半径较小,因此在设计带出口的缩口件模具时,要根据变形规律设计,并使设计半径大于计算半径。

5.4.3　管坯壁厚

在其他工艺参量不变的前提下(如表5-3的20°组),保持管坯的外径不变而改变初始管坯的厚度t_0,分别选择t_0为0.3mm、0.4mm、0.45mm、0.5mm、0.6mm进行数值模拟,结果见图5-14。由图5-14给出的出口圆弧半径随管坯壁厚变化的曲线可知,弯曲圆弧随着管坯壁厚的增大而增大,与公式的变化趋势一致,而且在壁厚较小时变化很明显。

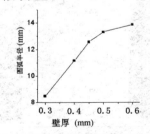

图 5-14　出口圆弧半径与壁厚关系

Fig. 5-14　The curve of the exit bending radius wtih tube thickness

5.5　带直管的小出口圆弧薄壁圆筒件缩口成形实例

5.5.1　缩口零件

本实验试制的缩口件系列如图 5-15 所示,初始直径为 38mm,缩口后直径为 25.4mm,壁厚 0.33 为 mm,缩口系数为 0.67,出口圆弧半径为 3mm,由于材料很薄,缩口过程一般需要多道工序成形,为达到图纸要求 3mm 的出口圆弧半径,需要根据材料内部应力的影响确定出口圆弧的大小。

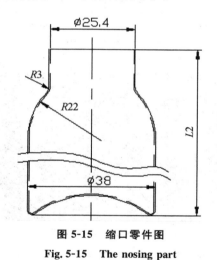

图 5-15　缩口零件图
Fig. 5-15　The nosing part

5.5.2　缩口工艺

除了口部圆弧部分,该零件成形属常规工艺。零件的缩口过程采用管坯固定,模具随压力机主轴向下运动,分六道次成形,各工序工艺参数如表 5-4 所示,从表 5-4 可以看出,除最后一道工序外,成形所用的圆弧半径取值略大于计算圆弧半径,以确保模具充分贴膜;计算圆弧半径为成形工艺的制定起到了很好的参考作用。成形后各工序零件如图 5-16 所示,得到了理想的成形效果。

表 5-4　缩口工艺参数

Table 5-4　The nosing process parameters

道次	缩口系数	缩口后外径(mm)	半锥角(度)	计算圆弧半径(mm)	成形用的半径(mm)
#1	0.948	36.026	16.057	11.602	13
#2	0.95	34.25	22.332	9.8003	11
#3	0.95	32.412	27.347	7.0466	9
#4	0.9458	30.656	31.447	5.5661	7
#5	0.946	29	34.915	4.6342	5
#6	0.9563	27.732	37.379	4.09	3

图 5-16　成形后各工序零件

Fig. 5-16　The parts of every nosing steps

5.6　本章小结

　　通过对薄壁圆筒形工件缩口成形中颈口弯曲部分进行力学分析,揭示了颈口自由弯曲变形的原因,得出了出口处自由弯曲半径的计算公式,并通过实验进一步证明了该公式的正确性。由实验和模拟结果知:出口弯曲半径随半锥角的增大而减小;随出口端直径和壁厚的增大而增大。并通过一零件的成形过程验证了该公式的实用性,可以作为设计带直管缩口件颈口弯曲圆弧半径设计的依据。

第6章 大锥度铝罐成形工艺分析及计算机数值模拟

筒形件缩口工序比较简单,所需驱动功率小,生产效率高,且制件精度高,因此在各个领域都得到了广泛的应用。但由于缩口单道次变形量较小,当总缩口系数较大时需要多次成形,而且当工件的外形要求比较特殊时,需要确立正确的成形工艺路线。本章根据前面章节的理论基础,对大锥度薄壁铝罐缩口成形进行工艺分析。在缩口成形过程中,缩口模圆弧大小、单次缩口系数、出口圆弧半径、毛坯尺寸等相互影响,各个工艺参数的合理匹配是个难点。当缩口件的缩口系数较小且毛坯壁厚较薄时,需要采取多道次成形方法,当缩口件的出口圆弧半径要求较小,需要根据材料的变形特点及每道次的变形系数,确定出口圆弧半径及正确的成形工艺。

本章根据前面研究的缩口成形规律,对大锥度薄壁铝罐进行工艺分析,研究缩口成形的工艺路线,并建立对应的有限元模型进行数值分析。

6.1 大锥度薄壁铝罐缩口成形工艺分析

图 6-1 所示的零件是一种单片铝罐包装容器,为吸引顾客和容量的要求,外形造型比较特殊。本章以该类含有大锥度的缩口件为研究对象,进行成形工艺的研究,探索其变形机理及成形规律。

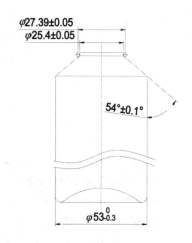

图 6-1　大锥度异形件结构示意图

Fig. 6-1　The sketch of large taper part

　　该类零件半锥角为 54°,在第 4 章讨论过,对于锥形缩口,最大半锥角为 50°～55°,当材料壁薄时,成形锥度更小,对于该类零件,由于半锥角太大,在缩口模入口处承受较大的弯曲力矩,采用传统锥模成形将造成管坯不贴膜;同时,随着道次的进行,材料不断硬化,屈服极限逐渐增大,也将造成筒壁部分的屈曲。又有第 4 章讨论知,圆弧形缩口模缩口时,弯曲对成形的影响较小,成形工艺力小于锥形缩口,且圆弧形缩口不受半锥角限制,因此,对于大锥度零件缩口,为降低缩口力,避免成形失败,在成形前期工序的模具入口处引入圆弧,可以实现大半锥角的成形。由零件图可见,出口处为直径为 3mm 的卷圆,因此必须在缩口后实现出口圆弧半径为 3mm,该关键尺寸可由第 5 章得出的出口圆弧半径计算公式初步决定,然后根据实验调整。

　　因此,为实现零件成形且避免筒壁屈曲,采用圆弧模缩口加弧面滚压成形的组合工艺技术,如图 6-2 所示。

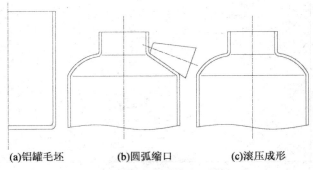

(a)铝罐毛坯　　　　(b)圆弧缩口　　　　(c)滚压成形

图 6-2　大锥度铝罐成形示意图

Fig. 6-2　The deforming process of large taper part

弧面滚压成形是一种新的工艺技术,制造的铝罐表面质量好,工艺连续。该工艺是指将指定直径的管坯用圆弧模缩口至零件要求的缩口系数,并使半锥角达到图纸要求,再将圆弧拱起部分利用圆锥滚子滚压成锥肩面,如图 6-2(c)所示。

本章基于前面各章的成形理论,实现了大锥肩薄壁铝罐的成形。具体工艺过程描述如下:

根据塑性加工体积不变原理,首先将零件口部收成圆弧形,因此前面工序必须对毛坯进行局部圆弧缩口的成形工艺。零件的初始成形毛坯为普通杯形件。如图 6-2(a)所示。圆弧形缩口工步的目的是成形出壁部带初始凸肚、高度为 L,圆弧半径为 R 的预成形件,保证总的缩口系数和成形锥度,由于材料很薄且变形系数大,需要 12 道次缩口工序完成(图 6-8)。

根据锥肩部分滚压成形工艺方案可知,圆弧面成形工步的目的是实现半锥角和缩口系数,圆弧模实现了壁部隆起,成形出滚压成形的弧面,滚压成形工步是零件成形的关键,其成形效果的好坏直接关系到滚压成形的质量及精度,同时也是本课题的创新点及重要研究内容。

鉴于大锥度薄壁铝罐成形过程工序较多,具有缩口、滚压等复杂变形,存在材料非线性、几何非线性以及边界接触非线性等特点,既要计及弹性变形又要计及塑性变形,而且其成形效果的好坏,直接关系着零件的外观质量,因此本书对大锥度铝罐成形采用弹塑性有限元法进行分析,利用有限元软件 ABAQUS,建立弹塑性有限元模型并对参数进行优化,并通过建立合理的边界条件和运动关系,选择恰当的工艺参数,对其成形过程进行有限元数值模拟,研究其成形机理,为工艺试验作出理论指导。

6.2　管坯圆弧缩口变形过程的计算机模拟

本节采用 ABAQUS 分析软件进行铝罐圆弧部分缩口变形过程数值模拟。实现圆弧缩口工步的两个方面:实现总的缩口系数;保证锥肩成形高度和半锥角以及出口圆弧半径。

6.2.1　计算条件

1.材料模型

单片铝罐的材料为纯铝。为了真实反映材料的性能,提高模拟精度,将挤压成形后的薄壁铝筒毛坯线割为拉伸试样,如图 6-3 所示,在万能拉深试验机上进行拉伸试验获得其真实应力应变曲线如图 6-4 所示,其机械性能参数见表 6-1。应用 ABAQUS 进行数值模拟时将上述参数输入变形体的材料定义模块,实现对该种材料的正确模拟。

模拟中材料物理性能参数包括:杨氏模量 E(YoungModulus),泊松比 μ(PoissonRatio)和密度(Densiyt)等,其参数见表 6-1。

表 6-1　纯铝的物理性能参数

Table 6-1　Mechanical properties of aluminum

参数名称	参数数值
杨氏模量 E(Ga)	69
泊松比 μ	0.3
初始屈服应力 σ_s(Pa)	107e+06
密度(kg/m³)	2700

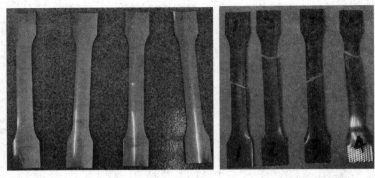

（a）拉伸试样　　　　　　　　　（b）拉断后试样

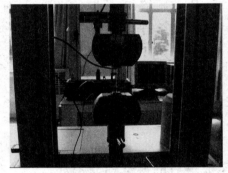

（c）拉伸实验台

图 6-3　试样及拉深实验

Fig. 6-3　Drawing test

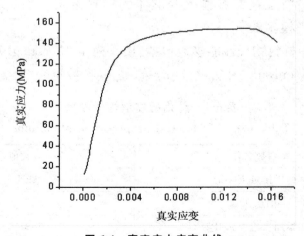

图 6-4　真实应力应变曲线

Fig. 6-4　True stress-strain curves

2. 摩擦模型

铝罐缩口部分表面与成形凹模表面因相对运动而存在明显的摩擦现象。摩擦状态对模拟结果有很大的影响。最常用的摩擦定律是 Coulomb 摩擦定律，如下式表示：

$$\tau = \mu p$$

式中，τ 为摩擦剪应力；p 为法向接触应力；μ 为滑动摩擦系数。

当接触面之间的剪应力小于 μp 时，接触面之间没有相对位移，处于粘滞状态（sticking），当接触面之间的剪应力大于 μp 时，接触面之间产生相对滑动（slipping）。

然而，在用 ABAQUS 分析接触问题时，由于粘滞状态与滑动状态之间的不连续而容易会产生有限元分析的不收敛问题。如果摩擦在所分析的问题中不起很显著的影响，在建模的时候尽量不要设置接触面间存在摩擦。由于模拟理想的摩擦力比较难，ABAQUS 使用了允许"弹性滑移"的罚摩擦公式，来解决粘滞状态与滑移状态之间的不连续。"弹性滑移"是指在接触面之间的剪应力小于 μp，即接触面间应该保持粘滞状态的时候，假设接触面间发生了微小的相对摩擦。ABAQUS 自动选取"罚刚度"（Plenalty Stiffness）的大小。罚摩擦公式对于大部分接触问题都能很好地解决，但对于必须模拟理想滑动摩擦的问题，ABAQUS 采用 Lagrange 乘子法予以计算。根据库仑摩擦理论，接触面在粘滞状态和相对滑动状态中的摩擦系数是不同的。前者为静摩擦系数，后者为动摩擦系数[122-124]。根据缩口变形特点，采用罚摩擦公式模型，取摩擦系数为 0.1。

3. 几何模型

随着 CAD/CAE 技术集成化的飞速发展，对于复杂的几何模型，可利用 PRO-E、UG 等强大的几何造型功能，先建立几何模型，再通过标准接口转入 CAE 软件中。本书中的模型较简单，可直接通过 ABAQUS 的造型功能实现。管坯外径为 53mm，缩口后直径为 26.5mm,缩口系数为 0.5,壁厚为 0.4mm,管坯长度为 70mm,需要建立多道次成形分析。由于坯料和模具均为轴对称结构,为便于观察材料流动并节省计算时间,取 1/4 模型进行模拟。创建一个三维的轴对称的可变形零件代表铝罐坯料,并创建了继承材料属性的截面特性,设定板壳的厚度为 0.4mm,在厚度方向采用五点高斯积分点规则;创建一个三维的轴对称、解析刚性零件代表刚体凹模,为了在模拟中对刚性凹模施加约束,根据软件的要求,在刚性凹模上创建刚性参考点。有限元模型如图 6-5 所示。

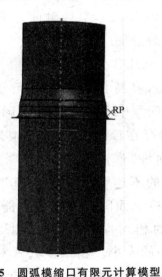

图 6-5　圆弧模缩口有限元计算模型

Fig. 6-5　The finite element model of circular die nosing

4.边界条件

缩口时,铝罐固定在夹紧装置上,上模随压力机的运动对毛坯施加工艺力(图 6-6),模拟时坯料和模具约束条件与工艺试验完全相同。

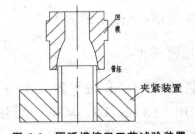

图 6-6　圆弧模缩口工艺试验装置

Fig. 6-6　The test device of circular die nosing

5.网格离散

管坯采用四节点

双曲率薄壳单元(S4R)离散,毛坯结构简单,为保证计算精度,长宽比取 1:1,单元数为 2000～2500。凹模采用解析刚体,由软件自行离散,上模运动方向为 Y 向,行程根据变形区的长度取为 35mm,模具运动速度为 2000mm/s。

6.2.2　模拟结果

图 6-7 表示纯铝罐坯在圆弧模上缩口后第一道工序的变形图。从图 6-7 可知:在缩口变形开始阶段,管端进入缩口模后产生塑性状态并发生缩口变形,管端与模具圆弧部分接触,取得与模具圆弧形状完全一致的形状(称为贴模),如图 6-7(a)、(b)所示;由于该缩口零件带出口直管,变形区不仅仅只包括圆弧缩口部分,还包括出口弯曲部分,坯料发生反弯曲和复直变形,如图 6-7(c)、(d)所示。

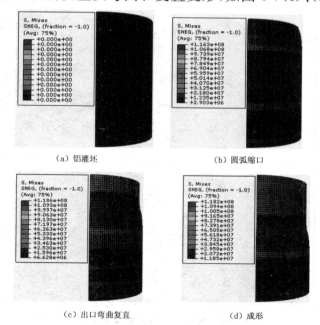

(a) 铝灌坯　　　　　　　　　　(b) 圆弧缩口

(c) 出口弯曲复直　　　　　　　(d) 成形

图 6-7　圆弧缩口变形图(第一道次)

Fig. 6-7　Circular die nosing deformation(the first step)

　　图 6-8 为各工序的变形轮廓图。从图 6-8 可知,在缩口模的口部引进圆弧,出口圆弧半径随着半锥角及出口半径的变化而逐渐减小,圆弧部分慢慢增高加大,最后收出半锥角要求角度并最终达到缩口系数的要求。图 6-9 是其中几道工序模拟结果与实验结果对比图,可以看出,模拟效果与实验结果吻合较好。

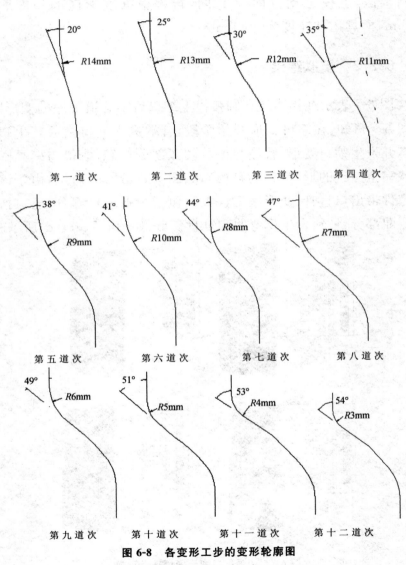

图 6-8　各变形工步的变形轮廓图

Fig. 6-8　The outline map of every deformation step

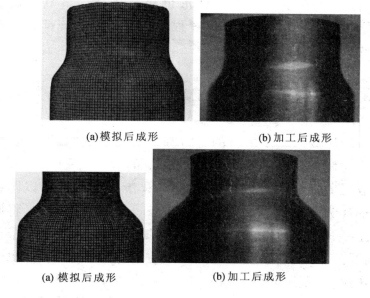

(a)模拟后成形　　　　　　(b)加工后成形

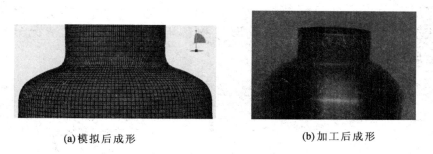

(a) 模拟后成形　　　　　　(b)加工后成形

第八道工序

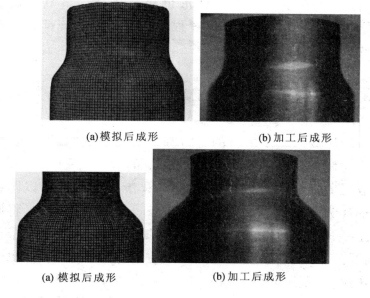

(a)模拟后成形　　　　　　　　(b)加工后成形

第十二道工序

图 6-9　模拟结果与实验结果对比

Fig. 6-9　Comparison of simulation results and experimental results

6.3　圆弧面滚压成形及金属流动规律分析

　　圆弧面滚压成形属于比较复杂的金属塑性变形工艺,与缩颈的变形特点具有较大差异,但具有直接联系。前一工步成形效果的理想与否,直接关系到下一工步成形质量的好坏。在塑性成形过程中,工件所发生的弹塑性变形也非常复杂。本节通过运用 ABAQUS 建立圆弧面滚压成形过程的模拟并阐述该部分成形金属材料的流动规律。

6.3.1　锥肩滚压应变分布情况

锥肩滚压成形工步的目的是将圆弧形筒壁的"弧"形压平,通过使变形金属在壁面重新分配达到锥肩的效果[图 6-2(c)]。锥肩滚压成形原理及受力分析见图 6-10。滚压成形工步以圆弧形缩口成形件为毛坯,通过滚轮轴向进给同时绕工件公转,将圆弧形筒壁压平达到压平锥肩的目的。由图 6-10 可见,在滚子作用下,经向受到拉应力作用,周向受到压应力作用,接触表面也受到压应力作用,随壁厚向内表面移动,接触应力减小至零。

有限元模拟软件中,可以通过模拟过程变形体单元网格的变化以及节点三向位移数据,分析工件变形过程中金属流动及变形状况。本节取大锥度铝罐成形过程各工步的网格变化情况分析金属流动规律及变形机理。

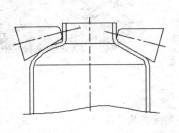　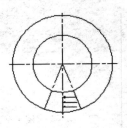

(a)成形原理示意图　　　　　　(b)接触面剪应力分布

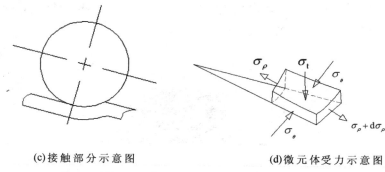

(c)接触部分示意图　　　　　　　(d)微元体受力示意图

图 6-10　锥面滚压受力及几何分析简图

Fig. 6-10　The sketch of cone shoulder rolling force and geometry

圆弧区是金属流动及变形均较大的变形区,金属在锥肩部位流动方向如图 6-11 所示,法向向外流动,周向互相挤压,经向在中间处向上向下流动。

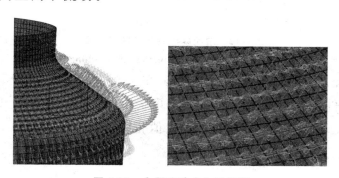

图 6-11　金属流动方向示意图

Fig. 6-11　The direction of metal flow

图 6-12 所示为滚压成形工步完成后三向应变云图。图 6-12(a)由锥肩滚压件经向应变可知,在滚压过程中,随着鼓形纬向压缩,金属流动限制在锥面上,在滚轮轴向进给下沿轴向流动,达到滚平的目的,故工件轴向应变为小量的拉应变。

从图 6-12(b)锥肩滚压件纬向(切向)应变图可见,工件壁部切向应变为负应变,说明壁部材料切向被压缩,为绝对值最大的应变,与实际情况吻合。在旋压成形过程中,倾斜滚轮绕筒坯公转的同时,还具有轴向进给,因此滚轮相对运动轨迹为螺旋曲线,在宏观上则体现为逐步扩大与工件表面线接触长度,压缩工件半径,促使工件径向变小而厚度增加,故在整个滚压过程中,工件均受到滚轮切向逐步压缩,其应变状态为负应变。

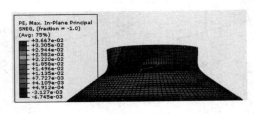

（a）经向应变云图

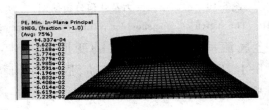

（b）纬向应变云图

图 6-12　滚压成形后各向应变云图

Fig. 6-12　Strain distribution after rolling

由以上有限元模拟所得应变云图分析得出:锥肩滚压成形过程中,工件纬向应变为正,宏观体现为壁部增厚;经向应变为正,宏观上表现为经向增长,但应变数值很小;切向应变为负,受到压缩变形。

6.3.2　锥面滚压变形工件的应力应变分析

通过对被滚表面所产生的应力、应变分量进行分析,可探索变形金属在滚轮作用下沿法向、经向及切向的流动规律,揭示滚压的成形机理。模拟过程中所选取的典型节点位置分布示意图如图 6-13 所示。节点 C 为圆弧面的最高点,即滚轮与圆弧面的最初接触点,节点 A、B 分别位于圆弧面的最上端和最下端。

图 6-14 为典型节点各向应变分布图。由图可见,金属在法向、切向和经向都存在着剧烈的塑性变形。滚压使得接触区金属切向以压缩变形为主,在滚轮作用下,金属沿毛坯的经向和法向

流动,从而使经向和法向产生伸长应变,三者数值较大处均位于圆弧面中点位置 C。圆弧中点处弧面最高,产生的应变也最大;法向应变大于经向应变,且都为拉应变,切向应变数值最大,但全为压应变。因此滚压后壁面变厚,经向有一定的伸长,但数量不大。

图 6-15 为子午线截面应力分布图,由图 6-15 可知,沿截面节点经向应力为拉应力,但数值较小,该应力使经向产生不大的伸长变形;周向应力为压应力,且为最大主应力,该应力使圆弧面产生回缩变形并最终与滚子法线一致。法向与滚轮由点接触发生到线接触,由于接触区为自由接触,在接触点受到法向压力,为便于研究,将该种变形状态设为平面应力状态。又由图可知,在出口处即出口圆弧处应力较小而在筒身连接处应力较大,因在筒身处产生较大塑性变形,最大应力产生于圆弧面的中间部分。由图 6-14、图 6-15 可知,滚平过程基本满足 $\varepsilon_\rho + \varepsilon_\theta + \varepsilon_t = 0$ 条件。

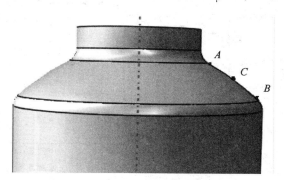

图 6-13　典型节点位置分布图示意图

Fig. 6-13　The position distribution of typical nodes

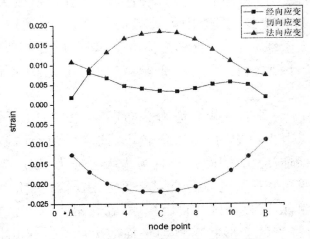

图 6-14　子午线截面节点各向应变分布图

Fig. 6-14　The strain distribution of nodes in radial section

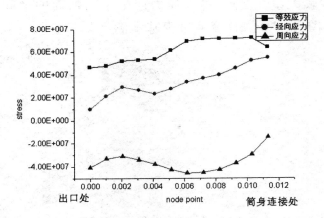

图 6-15　子午线截面各向应力分布图

Fig. 6-15　The stress distribution of nodes in radial section

6.4　大锥度铝罐成形实验研究

　　单片铝质气雾罐由纯铝原块(图 6-16)反挤压成形,成形为直径为 53mm 的深杯形铝筒如图 6-17 所示,大锥度铝罐就是在此基础上进行多道次缩口及滚压成形。大锥度锥肩铝罐由反挤压、圆弧形缩口、滚压三个成形阶段组成，其中圆弧形缩口和滚压成形由主轴直接下压反挤压圆筒件所得，图 6-18 为工艺示意图所示。工艺过程为：铝灌定位→加润滑油→缩口（1～8）→中间润滑→缩口（9～12）→锥肩滚压。各工步所用模具安装在相应的模架支座上，其中锥肩滚压装置通过伺服电机驱动，在沿铝罐公转的同时沿轴向进给，圆弧形回转面被压平，从而实现锥肩部分成形。锥肩滚压装置如图 6-19 所示。

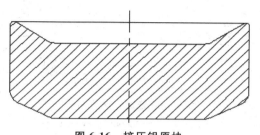

图 6-16 挤压铝原块

Fig. 6-16 The blank of aluminum extrusion

图 6-17 铝灌成形毛坯

Fig. 6-17 The blank of aluminum can

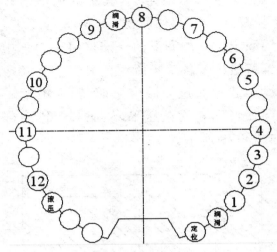

图 6-18 各道次结构布局

Fig. 6-18 The layout of every step

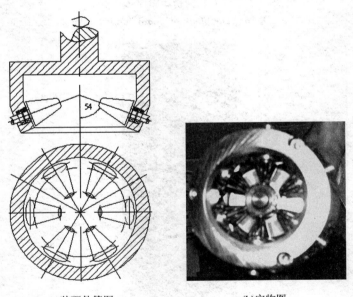

(a)装配件简图   (b)实物图

图 6-19 滚压装置

Fig. 6-19 Rolling device

6.4.1 圆弧缩口阶段

圆弧缩口阶段工艺参数按数值模拟优化后的参数,具体如表 6-2 所示。缩口成形后工件如图 6-20 所示。

表 6-2 圆弧缩口阶段工艺参数
Table 6-2 The circular die nosing process parameters

道次	缩口系数	缩口后外径(mm)	半锥角 α_B	出口圆弧半径(mm)
#1	0.943	50	20	14
#2	0.94	47	25	13
#3	0.936	44	30	12
#4	0.932	41	35	11
#5	0.95	39	40	10
#6	0.946	37	43	9
#7	0.946	35	47	8
#8	0.943	33	49	7
#9	0.94	31	51	6
#10	0.935	29	52	5
#11	0.983	28.5	53	4
#12	0.983	28	54	3

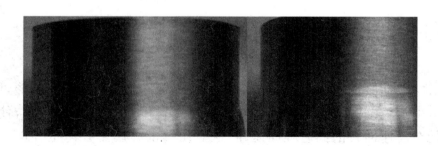

第一道次   第二道次

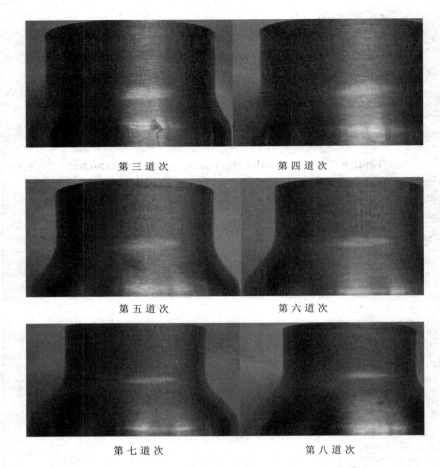

第三道次　　　　　　　　第四道次

第五道次　　　　　　　　第六道次

第七道次　　　　　　　　第八道次

图 6-20　缩口后工件

Fig. 6-20　The deformation part

6.4.2　锥肩滚压阶段

　　根据滚压碾平成形数值模拟分析结果可知,滚压碾平成形过程中滚轮轴向进给,与圆弧凸起部分由点接触过渡为线接触,使其在高速回转的同时径向压缩,从而使壁部金属主要产生径向及法向流动。根据零件成形要求,滚平后最终半锥角为 54°,为保证该角度,滚轮安装角度为倾斜 54°,如图 6-19 所示。

　　在滚压碾平过程中,滚轮装置的轴向进给、周向转速影响锥

面的最终表面质量,若参数控制不当,表面将出现起皱,如图6-21
(a)所示。下面对这两个参数对成形的影响进行分析。

(a)滚压起皱

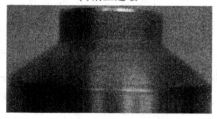

(b)滚压合格件

图 6-21　滚压后成形工件

Fig. 6-21　The part after rolling

1.轴向进给比

　　滚压碾平滚轮的运动方式是通过伺服电机控制(图6-19)。根据工艺分析,由于锥肩高度仅为 9.6mm,若伺服轴进给比过大,会导致滚压时间过短,工件变形不够充分,表面不平整而出现起皱。故本书从生产效率及工艺角度综合考虑,选取进给比0.6mm/rev进行研究。图6-21(b)所示为试验结果。

　　由图6-21(b)可知,试验所得锥肩表面外观比较平整,因此使用进给比 $f_1 = 0.6$mm/rev 进行生产符合要求。

2.周向转速

　　周向转速过低容易引起圆弧表面起皱,增加成形阻力,甚至导致工件塌陷失效[图6-21(a)],在满足成形极限的前提下,尽量提高转速,可改变零件表面的光洁度并提高效率。经多次模拟及实验,滚轮总成转速定为 450 rev/min,可成形出如图 6-21(b)所示的合格成形件。

6.4.3　锥肩滚压后工件壁厚变化

反挤压罐坯经过圆弧缩口和锥肩滚压,金属在锥面上重新分配。采用线切割方法将零件沿轴线纵向剖开,得出轴向剖面图如图 6-22(a)所示。由于圆弧缩口阶段缩口系数小,罐口部位壁厚增大,滚压变形是在原来圆弧缩口的基础上进行的,由图 6-22(b)可以看出,由于圆弧缩口和锥肩滚压的叠加,锥面的壁厚从罐身方向向罐口方向逐渐增加,口部由于直径最小,增厚最大。在罐身起锥处由于要形成棱角,材料有少量的堆挤达到 0.54mm,依次向罐口方向壁厚先降低,后增加,到罐口处达到 0.61mm。

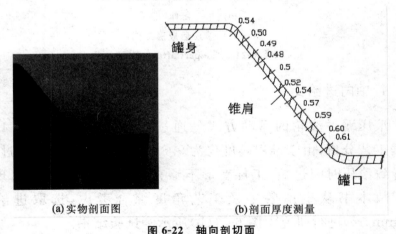

(a)实物剖面图　　　　(b)剖面厚度测量

图 6-22　轴向剖切面

Fig. 6-22　The cutting plane in the axial

6.4.4　生产实践

作者的合作单位——广东欧亚包装有限公司已经将这种大锥度薄壁铝罐加工技术投入小批量生产(图 6-23),制造的铝罐满足设计要求,表面质量好,多工序自动进给,生产效率高。该技术推动了企业的自主创新能力,为企业创造了可观的经济效益。

图 6-23　产品图
Fig. 6-23　Products

6.5　本章小结

提出了以多道次圆弧缩口和滚压加工相结合的成形工艺解决了大锥度薄壁铝罐的成形难题;比较深入地进行该成形工艺的研究,探索其变形机理及成形规律;开发了与该工艺相应的新型模具,该类模具针对零件薄壁、半锥角大的特点,在缩口圆锥模口部引进圆弧结构,解决了半锥角大时锥模缩口卷曲的问题;为实现零件锥肩的精确成形,开发出滚轮回转机构,在多道次圆弧缩口后进行锥肩滚压加工;进行了大锥度薄壁铝罐成形的有限元模拟分析,优化了缩口变形过程和滚压变形过程的工艺参数;通过零件的成形实验,证明了该工艺过程的正确性和有效性。该工艺解决了大锥度薄壁缩口件的成形难题,推动了塑性加工技术的进步。

第7章 本书总结

7.1 主要结论

　　本书针对单片薄壁铝罐变壁厚挤压和大锥度缩口成形进行研究,通过计算机数值模拟、理论解析与试验研究相结合的现代研究方法,提出了变壁厚模面模型,建立了大锥度缩口变形理论基础和大锥度缩口工艺技术。通过系统深入的研究,获得了如下主要结论:

　　(1)为实现变壁厚的要求,把铝罐反挤压凹模内腔直径设计为变化的结构。变直径过渡曲面是影响罐壁质量的重要因素,通过建立阶梯型、直线型、余弦线型、椭圆线型四种过渡曲面的变壁厚筒形件反挤压有限元模型并进行数值计算,发现椭圆线型过渡曲面凹模对挤压成形载荷、金属流动和应力场的影响都优于其他几种型面,而且能够有效地降低变壁厚制件的偏摆缺陷;并通过有限元模拟技术讨论了几种工艺参数对反挤压的影响,发现凸模工作带长度影响挤压力和罐壁表面质量,在满足工件要求的前提下尽量降低工作带长度,摩擦因子、挤压速度、变壁型腔长度工艺参数的增大都将增大挤压力,不利于成形的进行,并利用椭圆型过渡型面结合最佳工艺参数制造模具加工出合格的反挤压零件。

　　(2)建立了带出口直管的圆弧模缩口和圆锥模缩口成形时不同区域的力学模型以及最大成形力数学计算公式,并采用 MAT-LAB 软件进行两种模具型面下最大应力的计算比较,发现:当半锥角一定时,圆锥模缩口应力始终大于同缩口系数的圆弧模缩口应力;圆锥形模具的缩口应力由于自由弯曲的影响随着半锥角的增加,缩口应力先降低后逐渐上升,圆弧形模具缩口力随半锥角的增加,缩口力降低。并通过实验的方法建立了缩口力-位移曲线,得出:圆弧形模具的缩口力始终小于圆锥形模具的缩口力,在锥形模具中,在缩口的早期阶段有一个力峰出现,这正是由于口部自由弯曲变形的影响。对于圆弧形凹模,随着位移的增加,缩口力增加比较平稳。

(3)根据锥形缩口时罐坯经历自由弯曲→反弯复直→缩口变形过程,依据塑性弯矩条件,建立了反弯复直的力学模型。通过解析方法得出锥形缩口顺利进行的半锥角范围为 $50°\sim55°$,因此在锥形缩口时,当模具半锥角小于 $50°\sim55°$ 时(具体数值与材料初始半径、厚度、屈服应力和硬化指数、强化系数有关),缩口顺利进行,直到管端起皱失效;当半锥角大于 $50°\sim55°$ 时,缩口达到一定长度后,缩口变形模式会转化为卷曲变形模式。因此,当锥形缩口半锥角比较大时,应采用其他成形工艺。

(4)通过对薄壁圆筒形工件缩口成形中颈口弯曲部分进行力学分析,建立了颈口自由弯曲的力学模型。导出了出口处自由弯曲半径的计算公式为:$R_\rho = \dfrac{1}{\alpha_{B.}}\sqrt{\dfrac{t_0}{2\sin\dfrac{\alpha_B}{2}}\sqrt{r_B R_0}}$,在缩口变形时当凹模锥壁向颈口直壁过渡的圆角半径小于该半径时,制件颈部表面就可能脱离凹模,变形不受模具约束而失败。因此,要想得到正确的过渡圆角,在设计带直管的缩口件时,应使模具圆角半径大于或等于该自由弯曲半径。并通过实验实际零件成形进一步验证了该公式的实用性。

(5)分析了大锥度薄壁铝罐的结构特点并根据前面章节的理论基础,确立了圆弧缩口成形阶段和锥肩滚压成形阶段相结合的工艺技术。为解决半锥角大的问题,在圆弧模的口部引进圆弧的结构,锥肩滚压阶段最终加工出合格的零件外形;建立了圆弧缩口阶段和锥肩滚压阶段的多道次成形有限元分析模型,通过数值计算,分析了各工序材料的流动情况及应力应变分布规律,优化了各道工序的工艺参数;以理论分析和数值模拟为基础建立了各工序对应的加工模具,通过工艺试验验证了工艺过程的有效性。

7.2　创新点

(1)建立了变壁厚反挤压成形技术,根据反挤压材料流动规律,结合数值模拟得出了最佳的凹模型面,并以此为基础设计了变壁厚反挤压模具。

(2)采用回转壳体的薄膜理论对锥形缩口和圆弧形缩口变形过程进行了力学分析,得到了两种模具型面的最大变形力计算公式,并以此得出,当缩口系数一定的情况下,圆弧形模具缩口力小于圆锥形模具的缩口力。因此当半锥角比较大时,可以在锥形模具的口部引进圆弧形型面以降低成形力。

(3)根据锥形模具缩口时管坯的受力模型,研究了锥形缩口变形的转化条件,提出了锥模缩口的最大半锥角为 $50°\sim55°$,当缩口零件的半锥角大于极限半锥角时,传统锥模缩口工艺不能实现零件成形。

(4)通过对薄壁圆筒形工件缩口成形中颈口弯曲部分进行力学分析,建立了出口处自由弯曲半径的计算公式。

(5)建立了大锥度薄壁铝罐的成形工艺,并根据有限元模拟研究了变形过程中材料的流动规律,并通过工艺试验验证了工艺路线的正确性。

7.3　有待进一步研究的问题

(1)反挤压变壁厚技术成形后罐坯还有少量的翘曲,可以考虑采用改变摩擦条件的方法或是通过移动凹模技术改变接触表面的摩擦状况,从而解决翘曲的问题。

(2)铝罐坯机械性能参数的测定及成形工艺性能评价还有待研究,目前,对这些参数的测定是采用反挤压后罐坯拉伸试验获得的,而缩口过程失稳发生在压缩失稳,材料本构关系的准确性还不够,这将影响模拟的精度。

(3)开展大锥度铝罐成形技术的应用研究,大锥度缩口成形作为一类回转成形工艺,可以应用在其他类似零件的成形中,因此该类缩口工艺参数化研究将是今后的一个研究方向。

参考文献

［1］路甬祥. 世界科技发展的新趋势及其影响［R］."科学与中国"报告,2004.

［2］宋天虎. 先进制造技术的发展与未来［J］. 中国机械工程,1998,9(4):2-6.

［3］何光远. 世纪之交的中国制造业［J］. 中国机械工程,1998,9(1):2-9.

［4］路甬祥. 工程设计的发展趋势与未来［J］. 机械工程学报,1997,33(1):1-8.

［5］黎明,雷源忠. 制造技术的几点思考［M］. 北京:机械工业出版社,1995:8-10.

［6］张艳秋等. 薄壁筒形件多道次滚珠旋压成形机理研究［J］. 锻压技术,2010,35(4):55-58.

［7］花江等. 端回转扩口成形研究［J］. 机械工程学报,1994,30(4):75-78.

［8］赵军. 锥形件成形过程智能化研究［D］. 哈尔滨:哈尔滨工业大学,1997.

［9］杨济发,张子公. 金属塑性成形研究方法综述［J］. 金属成形工艺,1990,32(2):55-59.

［10］孙云超. 无模约束自由变形规律与管轴压精密成形过程的研究［D］. 西安:西北工业大学,2003.

［11］G. J. Li,S. Kobayashi,. Rigid-plastic finite element analysis of plane strain rolling［J］. ASME J. Eng. Ind. ,1982,104(3):55-64.

[12] Lee J. S. , Yang D. Y. , Hahn Y. H. , et al. A UBET approach for the analysis of profile ring rolling[A]. Advanced Technology of Plasticity-Proceedings of the Third ICTP[C]. TOKYO,1990:317-322.

[13] 栾贻国,孙胜. 金属塑性成形过程数值模拟的新方法——复合块法及其应用[A]. 中国锻压学会第五届学术年会论文集[C],1991:705-708.

[14] 杜忠友,孙胜,关廷栋. 上限元模拟技术在塑性加工优化设计中的应用[J]. 中国机械工程,1993,4(3):25-28.

[15] 滕宏春,张凤兰,崔波. 传动轴管精密缩径上限分析[J]. 农业机械学报,2000,31(3):99-101.

[16] 汪大年. 金属塑性成形原理[M]. 北京:机械工业出版社,1995.

[17] 罗云华. 翻管变形机理及翻管成形极限的研究[D]. 武汉:华中科技大学,2007.

[18] 诸亮. 锥形凹模缩口工艺试验及理论研究[D]. 南昌:南昌大学,2005.

[19] M. B. 斯德洛日夫,E. A. 波波夫. 金属压力加工原理[M]. 北京:机械工业出版社,1980:383-397.

[20] 洪深泽. 挤压工艺及模具设计[M]. 北京:机械工业出版社,1998.

[21] 吴诗惇. 冷温挤压[M]. 西安:西北工业大学出版社,1995.

[22] Kobayashi S. , Oh S. I. , Altan T. Metal forming and the finite-element method [M]. Oxford:Oxford University Press,1989.

[23] Yang D. Y. , Kin L. H. , Hawkyard J. B. Simulation of T-section profile ring rolling by the 3-D rigid-plastic finite element method[J]. Int. J. Mech. Sci. ,1991,33(7):540—550.

[24] 赵汝嘉. 机械结构有限元分析[M]. 西安:西安交通大

学出版社,1990.

[25] 吕丽萍. 有限元法及其在锻压工程中的应用[M]. 西安:西北工业大学出版社,1989.

[26] Knoerr M. , Lee J. , Altan T. Application of the 2D finite element method to simulation of various forming proeesses [J]. Journal of Materials Processing Technology, 1992,33: 31-55.

[27] Lee C. H. , Kobayashi S. New solutions to rigid-plastic deformation problems using a matrix method[J]. Trans . ASME. ,J,Enr. Ind. ,1973,95:865-873.

[28] Zienkiewicz O. C. , Godbole P. N. A penalty function approach to problems of plastic flow of metals with large surface deformations[J]. J. Strain Analysis,1975,10:180-196.

[29] Osakada K. , Nakano J. , Mori K. Finite-element method for rigid-plastic analysis of metal forming-formulaion for finite deformations[J]. Int. J. Mech. Sci. ,1982,24(8):459.

[30] Marcal P. V. , King I. D. Elastic-plastic analysis of two-dimensional stress system by the finite element method[J]. Int. J. Meth. Sci. ,1967,9:143-155.

[31]Yamada Y. , Yoshimura N. ,Sakurai T. Plastic stress-strain matrix and its application for the solutions of elastic-plastic by the finite element method[J]. Int . J. Meth. Sci. ,1967,10: 343-354.

[32] Zienkiewicz O. C. , Valliappan S. , King I. P. Elastic-plastic solution of engineering problems:Initial strees Finite Element Approach[J]. Int. J. Num. Meth Engng. ,1969,1:75-100.

[33] Argyris J. H. , Scharpf D. W. Methods of elastic-plastic analysis[A]. Proceedings of the Sympcsium on Finite Element Techniques[C]. Committee Nine,Fourth International Ship Structures Congress,Stuttgart:1969.

[34] Lee C. H. , Kobayashi S. Elastic-plastic analysis of plane-strain and axisymmetric flat punch indentation by the finite element method[J]. Int . J. Mech. Sci. ,1970,12(4):349-370.

[35] 孟凡中. 弹塑性有限变形理论和有限元方法[M]. 北京:清华大学出版社,1985.

[36] Rebel N. , Wertheimer T. R. , General purpose procedures for elastic-plastic analysis of metal forming process[A]. 14 th . NAMR[C],1986:414-419.

[37] 上海交通大学《冷挤压技术》编写组. 冷挤压技术[M]. 上海:上海人民出版社,1976.

[38] 李生智. 金属压力加工概论[M]. 北京:冶金工业出版社,1984:153-154.

[39] 谢建新,刘静安著. 金属挤压理论与技术[M]. 北京:冶金工业出版社,2001.

[40] 马怀宪. 金属塑性加工学——挤压、拉拔与管材冷轧[M]. 北京:冶金工业出版社,1991.

[41] Ales Mihelic,Boris Stok. Tool design optimization in extrusion process [J]. Computers and Structures,1998,68:283-293.

[42] 邹琳,夏巨湛等. 挤压模具型腔轮廓曲线优化拟合分析[J]. 锻压技术,2002,6:52-54.

[43] 陈维民,詹艳然. 挤压过程的数值模拟及锥角优化[J]. 中国机械工程,1994,5(4):12-14.

[44] 王富耻,张朝晖,李树奎. 不同型线凹模钨合金静液挤压过程数值仿真研究[J]. 兵工学报,2001,22(4):525.

[45] 赵德文,王晓文,刘相华. 轴对称冲入半无限体的参量积分解法[J]. 应用科学学报,2003,21(2):161-165.

[46] N. Venkata Reddy, P. M. Dixit, G. . K. Lal. Die design for axisymmetric extrusion[J]. Journal of materials Processing technology,1994,55:332-339.

［47］林高用,陈兴科,蒋杰等. 铝型材挤压模工作带优化［J］.中国有色金属学报,2006,16(4):561-566.

［48］吴向红,赵国群,马新武等. 模具锥角对铝材挤压过程影响规律的研究［J］. 特种成形,2005,5:75-75.

［49］黄克坚,包忠诩,黄志超. 型材宽展挤压的数值仿真［J］. 模具工业,2005,3:53-58.

［50］王同海. 管材塑性加工技术［M］. 机械工业出版社,1998.

［51］夏琴香. 锥形件单道次拉深旋压成形的数值模拟及试验研究［J］. 锻压技术,2010,2:44-48.

［52］Maroiniak Z. 圆管或柱壳定常塑性加工的力学分析［J］. 锻压技术,1986,3:2-7.

［53］刘光鑫. 管件无芯冷缩径工艺［J］. 锻压技术,1986,4:41-43.

［54］滕宏春,张凤兰,崔波.传动轴管精密缩径上限分析［J］.农业机械学报,2000,31(3):99-101.

［55］Ruminski M., Luksza J., Kusiak J., et al. Analysis of the effect of die shape on the distribution of mechanical properties and strain field in the tube sinking process［J］. Journal of Materials Processing Technology,1998,80:683-689.

［56］Fisher W. P., Day A. J. A study of the factors controlling the tube-sinking process for polymer materials［J］. Journal of Materials Processing Technology,1996,60:161-166.

［57］Kyung-Keun Um, Dong Nyung Lee. Au upper hound solution of tube drawing［J］. Joumal of Materials Processing Technology,1997,63:43-48.

［58］艾维超著. 金属成型工艺与分析［M］. 王学文等译. 北京:国防工业出版社,1988.

［59］Geoffrey W. rowe. Principles of industrial metal working processes ［M］. London:Edward Amold (Publishers)

Ltd,1997.

［60］钟志华，李光耀. 薄板冲压成形过程的计算机仿真与应用［M］. 北京:北京理工大学出版社,1998.

［61］Zhou D. ，Wagoner R. H. Development and Application of sheet Forming Simulation［J］. J. Materials Processing Technology,1995,50(1):1-16.

［62］林又,彭颖红,阮雪榆. 板料成形数值模拟的关键技术及难点［J］. 塑性工程学报,1996,3(2):15-17.

［63］Bemspang L. ，Hammam T. Verification of an Explicit Finite Element Code for Simulation of the Press Forming of Rectangular Boxes［J］. J. Materials Processing Technology,1993,39(3):431-453.

［64］林治平. 锻压变形力的工程计算［M］. 北京:机械工业出版社,1986.

［65］Slater R. A. C. Engineering Plasticity-theory and application to metal forming process［M］. London Macmillan, London,1977.

［66］Ken-Ichi Manabe, Hisashi Nishimura. Nosing of thin-walled tubes by circular curved dies［J］. Journal of Mechanical Working Technology,1984,10:287-298.

［67］Huang Y. M. ，Lu Y. H. ，Che M. C. Analyzing the cold-nosing process using elasto-plastic and rigid-plastic methods［J］. Journal of Materials Processing Technology，1992,30:351-380.

［68］Huang Y. M. Flaring and nosing process for composite annoy tube in circular cone tool application［J］. Int. J. Adv. Manuf. Tech. ,2009,43:1167-1176.

［69］Kwan C. T. ，Fang C. H. ，Chiu C. J. ,et al. An analysis of the nosing process of metal tube［J］. The International Journal of Advanced Manufacturing Technology, 2004, 23:

190-196..

[70] 夏巨谌. 薄壁管缩径挤压工艺的模拟与应用[J]. 石油工业,1997,25:19-21.

[71] 俞彦勤,黄早文,夏巨谌等. 薄壁圆管缩口变形机理的研究[J]. 模具工业,2000,28(1):36-38.

[72] 余载强,牛凤祥,张广安等. 锥形凹模缩口应力场分析与缩口力计算[J]. 锻压技术,1998,2:15-19.

[73] 胡成武,邹安全,姚齐水. 基于轴对称屈曲失稳的缩口力与临界缩口尺寸[J]. 锻压技术,2003,28(3):14-17.

[74] 胡成武,邹安全,陈吉平. 基于最小缩口力条件下的缩口凹模倾角[J]. 锻压技术,2004,29(2):64-66.

[75] 牛卫中. 薄壁圆筒工件抛物面型缩口成形的力学分析[J]. 金属成形工艺,2003,21(3):43-45.

[76] 牛卫中. 薄壁圆筒件旋转椭球面型冲压缩口的应力分析[J]. 塑性工程学报,2004,11(1):18-20.

[77] 丁永祥,夏局堪,胡国安等. 薄壁管无芯推压缩径过程的应力应变分析[J]. 金属成型工艺,1994,12(5):225-228.

[78] Sadok L., Kusiak J., Mpacko Strain in the tube sinking process [J]. Journal of Materials Processing Technology, 1996,60:161-166.

[79] 王连东. 回转壳体正负成形理论及汽车桥壳胀形工艺的研究[D].秦皇岛:燕山大学,2002.

[80] 林新波,肖红生. 薄壁深锥形零件的成形工艺及模具设计[J]. 锻压技术,2000,3:18-21.

[81] 王同海,刘清津. 凸筋类管件的冷压复合成形工艺[J]. 锻压机械,1999,1:17-19.

[82] 刘伟强. 筒形件缩口压平成形模设计[J]. 模具工业,2001,24(7):24-26.

[83] 黄毅宏. 缩口过程的刚塑性有限元分析[J]. 机械工程学报,1995,31(1):60-66.

[84] 刘建忠,付沛福. 轿车等速万向节球形壳精密冷缩口成形分析[J]. 塑性工程报,1998,5(2):39-44.

[85] 张涛,林刚. 旋压缩口过程的三维有限元数值模拟[J]. 锻压技术,2001,5:26-28.

[86] Nadai A. Plastic State of stress in Curved shells: The Forces Required for Forging of the Nose of High-Explosive Shell [J]. ASME Trans. ,1994,31:245-256.

[87] Carlson R. K. An Experimental Investigation of the Nosing of shells[J]. Forging of Steel Shells, ASME Trans. , 1943:45-55.

[88] Lahoti G. D. ,Subrarnanianand T. ,Altan T. Development of a Computerized Mathematical Model for the Hot/Cold Nosing of shells[J]. Report ARSCD-CR-78019 to US Army Research and Development Command,1978.

[89] Kobayashi S. T. Metal Forming and the Finite Element Method[M]. London:Oxford University Press,1989.

[90] Tang M. C. ,Hsu M. ,Kobayshi S. Analysis of shell Nosing-Process Mechanics and Preform Design[J]. Int. J. Mach. Tool Des. Res. ,1982,22(4):71-79.

[91] Guo N. C. ,Lou Z. J. ,Cui G. Cui G. Analysis of tube sinking by an upper bound aporach[A]. Proc. Fourth Int Conf Technol Plasticity[C]. Taiwan,1993:1023-1029.

[92] Um K. K. , Lee D. N. An upper bound solution of tube drawing[J]. Journal of Materials Porcessing Technology,1997, 67:43-48.

[93] Ruminski M. ,Luksza J. ,Kusiak J. et al. Analysis of the effect of die shape on the distribution of mechanical Properties and strain field in the tube sinking Process[J]. Mater Process Technology,1998,80-81:683-689.

[94] Reid S. R. ,Harrigan J. Transient effects in the quasi-

static and dynamic intenal inversion and nosing of Metal tube[J]. Int. J. Mech. Sci. ,1998,40:263-280.

[95] Dai K. ,Wang Z. R. A graphical description of shear stress in the drawing of a thin-wall tube with a conical die[J]. Mate. Process Technology,2000,102:174-178.

[96] Harrigan JJ. Internal inversion and nosing of laterally constrained metal tubes[D]. UMIST,UK,1995.

[97] Kwan. C. T. A study of Process and die design for ball value forming from stainless steel tube[J]. Int. J. Adv. Manufact Technol,2004,26:983-990.

[98] Lu Y. H. Study of preform and loading rate in the tube nosing process by spherical die[J]. Comput Methods Appl. , Mech. Engrg,2005,94:2839-2858.

[99] Hideki Utsunomiya,Hisashi Nishimura. Development of Die Necking Technique for Thinner Wall of DI Can[J]. 日本塑性加工学会志,1998,39:60-64.

[100] EndoJ. ,Murota T. ,Cato K. et al. Theoretical Prediction on Non-axisymmetric Buckling in Tube Nosing[J]. Advanced Technology of Plasticity,1987,11:1347-1353.

[101] 王成和,刘克璋等. 旋压技术[M]. 北京:机械工业出版社,1986.

[102] 谢水生,王祖唐. 金属塑性成形工步的有限元数值模拟[M]. 北京:冶金工业出版社,1997.

[103] 应富强,张更超,潘孝勇. 金属塑性成形中的三维有限元模拟技术探讨[J]. 锻压技术,2004,2:1-4.

[104] 李尚健. 金属塑性成形过程模拟[M]. 北京:机械工业出版社,1999.

[105] 王瑁成. 有限单元法[M]. 北京:清华大学出版社,2003.

[106] 肖景容,李尚健. 塑性成形模拟理论[M]. 武汉:华中

理工大学出版社,1994.

[107] 张振华. 板壳理论[M]. 武汉:华中理工大学出版社,1993.

[108] 邓兆虎. 薄板卷圆成形回弹分析及回弹控制方法研究[D]. 广州:华南理工大学,2008.

[109] 孟凡中. 弹塑性有限变形理论和有限元方法[M]. 北京:清华大学出版社,1985.

[110] Lee C. H., Kobayashi S. New solutions to rigid-plastic deformation problems using a matrix method[J]. Trans. ASME., J. Engr. Ind., 1973, 95:865-873.

[111] Zienkiewiez O. C., Godbole P. N. A penalty function approach to problems of Plastic flow of metals with large surface deformations[J]. J. Strain Analysis, 1975, 10:180-196.

[112] Osakada K., Nakano J. Mori K. Finite-element method for rigid-plastic analysis of metal forming-formulation for finite deformations[J]. Int. J. Meeh. Sci., 1982, 24(8):459-468.

[113] Engel U., Eckstein R. Microforming from basic research to its realization[J]. Journal of Materials Processing Technology, 2002, 125(1):35-44.

[114] 赵恒章. 杯形件反挤压成形过程模拟研究[D]. 西安:西安理工大学,2003.

[115] 于玲. 双杯形件挤压成形工艺研究[D]. 太原:中北大学,2006.

[116] 庄苗,张帆,岑松等. ABAQUS非线性有限元分析与实例[M]. 北京:科学出版社,2005.

[117] 张莉,李升军. DEFORM在金属塑性成形中的应用[M]. 北京:机械工业出版社,2009.

[118] 舒洁. 铝合金挤压模具型腔优化设计[D]. 合肥:合肥工业大学,2007.

[119] 牛卫中. 圆管件锥面型冲压缩口中一些重要参数的确

定[J]. 华南理工大学学报(自然科学版),2004,32(10):21-23.

[120] 邓芬燕,胡成武. 轴对称锥形件缩口成形非强制变形规律的研究[J]. 模具制造技术,2007,5:61-66.

[121] 王连东,赵石岩,高鹏飞等. 管坯推压缩径端部翘曲机理及其影响因素分析[J]. 塑性工程学报,2005,12(3):76-79.

[122] 邝卫华. 偏心类管件缩径旋压的数值模拟与工艺研究[D]. 广州:华南理工大学,2003.

[123] 詹梅. 面向带阻尼台叶片精锻过程的三维有限元数值模拟研究[D]. 西安:西北工业大学,2000.

[124] 刘郁丽. 叶片精锻成形规律的三维有限元分析[D]. 西安:西北工业大学,2001.